모든 사람을 위한
빅뱅 우주론 강의

모든 사람을 위한

빅뱅 우주론 강의

한 권으로 읽는 우주의 역사

증보판

이석영

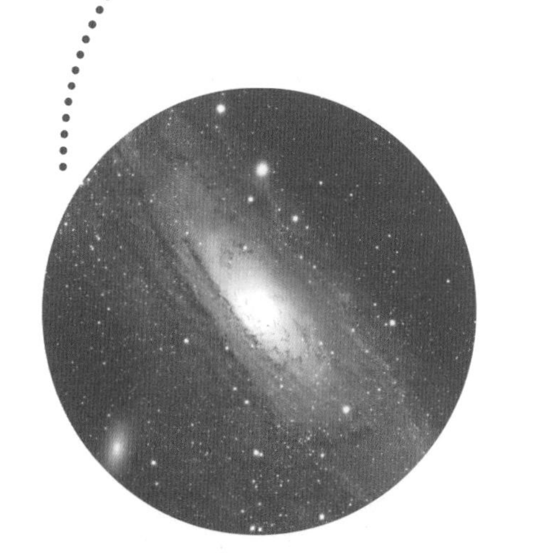

사이언스 북스
SCIENCE BOOKS

우주론에 눈을 뜨게 도와준

조지프 실크에게 바친다.

진심으로 '모든 사람'을 위해

2009년 처음 출판된 이 책을 가까운 사람들이 읽고 난 후 "이건 사기다."라며 눈을 흘겼다. '빅뱅 우주론 강의'는 맞지만 '모든 사람을 위한' 책은 아니라는 것이다. 책을 팔기 위해 거짓말을 했다는 것인데, 억울하다.

나는 진심으로 이 책이 많은 사람들에게 읽히기를 바란다. 그 이유는 우주의 일부인 인류가 어떻게 우주와 아름답게 교감하고 있는지 알리고 싶기 때문이다. 인류는 늘 우주를 궁금해 했지만 과학적으로 이해하기 시작한 것은 너그럽게 보면 50년, 엄밀히 보면 이제 겨우 20년이 채 안 되었다. 100여 년 전 아인슈타인이 상대성 이론을 소개하면서 우주 공간과 시간이 역동적인 주체라는 사실을 알게 되었고, 50여 년 전 우주 배경 복사를 발견하면서 빅뱅 우주론의 가장 큰 증거를 확보하게 되었다. 40여 년 전 암흑 물질의 존재에 관해 뚜렷이 인지하게 되었고, 30여 년 전에 암흑 물질의 성질이 차다는 것을 알게 되었다. 20여 년 전 차가운 암흑 물질이 지배하는 우주에서 은하가 어떻게 만들어지는지 파악하게 되었으니 이것이 인류가 우주에 관한 개괄적 이해를 갖게 된 경위다.

그리고 2014년! 드디어 인류는 거대 우주 공간에 대한 슈퍼 컴퓨터 실험을 통해 초기 우주에서 시작한 미세한 물질 분포가 어떻게 오늘날의 은하들을 만들게 되었는지 재현해 냈다. 지금까지 관측된 수천만 개의 은하의 분포와 성질이 얼추 이해되는 순간이다. 은하 속에서 별이 탄생하고 별과 함께 행성과 다른 위성들이 탄생하므로 이제 인류는 드디어 고개를 들어 하늘을 보며 인지하는 대부분의 천체의 기원과 심지어 운명까지 가늠할 수 있게 되었다.

이 감격을 나만 알 수는 없다. 바로 이 중요한 시점에 천문학을 연구하거나 배우는 사람들은 눈을 동그랗게 뜨고 상기된 얼굴로 이런 지식을 접하고 있는 반면, 얼마나 많은 이들이 이 순간을 놓친 채 지나가고 있는가.

미국 유학 시절에 농구 선수 마이클 조던이 경기하던 것을 TV로 여러 번 보았다. '다시 없을 선수'라는 해설가의 말에 고개를 끄덕이며 그 선수의 전성기를 볼 수 있는 내가 행운아라고 생각했다. 오페라 팬인 내가 메트로폴리탄 오페라하우스에서 파바로티의 「투란도트」와 「앙드레 셰니에」를 감상하던 때 또한 잊을 수 없다. 카루소부터 오페라 가수의 맥을 얼추 파악하는 얼치기 음악 애호가인 내가 보기에 파바로티는 앞으로 다시 없을 오페라 테너다. 내 인생에서 이런 인류 역사에 획을 그은 인물들을 멀리서나마 만날 수 있었던 것은 행운이었다.

그런데 오늘날 인류가 우주의 기원을 파악하게 된 것은 조던이나 파바로티와는 그 격이 다르다. 우주의 기원 말이다. 나와 내 학생들은 세상에 존재하는 빛이 언제 어디서 만들어졌는지 정밀하게 알고 있다. 우주의 물질이 언제 어떻게 만들어져서 내 몸을 구성하게 되었는지 누구보다 정확하게 설명할 수 있다. 궁금하지 않은가? 내가 누구인지.

1판이 인쇄된 지 어언 8년이 되어 가는 길목에 지난 10년 동안 우주에 관해 알게 된 획기적인 지식 또한 '모든 사람'에게 전하고 싶어서 하나의 강의12강로 첨가했다. 이른바 '우주 배경 복사의 비등방성'이라는 복잡한 이름의 연구인데, 그 발견 과정이 아름답고 결과의 의미가 심오하다. 읽기를 권하는 내 가슴이 두근거린다.

이 소식을 오랜만에 학교를 방문한 옛 제자에게 전했더니 그가 하는 말. "이제 이 책은 더욱 모든 사람을 위한 것이 아니군요." 그리고 못된 표정으로 킥킥거리는 것이 아닌가. 그러거나 말거나 나는 이 글을 꼭 써야 했다.

2017년 봄

이석영

하늘의 높이라고?

20여 년 전의 일이다. 처음 만난 초등학생들에게 우주에 대해 궁금한 점이 있으면 말해 보라고 했더니, 한 똘똘한 아이가 "하늘의 높이요." 하고 기어 들어가는 목소리로 질문을 했다. 하늘의 높이라…….

이 아이의 하늘이 저 위에 보이는 구름이 둥둥 떠다니는 곳까지라면 하늘의 높이는 약 10킬로미터라고 할 수 있지만, 만일 푸른 창공이라면 태양 빛을 레일리 법칙에 따라 산란시키는 지구 대기까지의 높이인 약 100킬로미터라고 답해야 할 것이다. 하지만 별들이 반짝이는 밤하늘을 보고 말하는 것이라면 가장 멀리 있는, 우리 눈에 보이는 별까지의 거리인 약 9500조 킬로미터약 1000광년라고 말해야 할 것이다.

하지만 별과 별 사이 아무것도 보이지 않아 까맣게 보이는 허공의 높이를 묻는 것이라면 하늘의 높이는 100억 광년 이상이라고 말해야 한다. 더 나아가 그 아이가 말한 하늘이 온 우주에 퍼져 있는 우주 배경 복사를 말하는 것이라면 하늘의 높이는 수백억 광년이 된다. 초등학생의 질문이 득도한 고승의 질문과 같이 심오했다. 나는 그때 초등학생이 이해할 수 있는 정도의 대답만 하고 말았지만, 그날 내 머릿속을 가득 채웠던 그 질문은 지금도 떠나지 않고 생생하게 살아 있다.

우리가 살고 있는 우주의 크기는 우리의 앎에 따라 달라져 왔고 앞으로도 달라질 것이다. 그런 의미에서 우주는 광대한 동시에 아주 작다. 우주는 세상에 존재하는 물질과 에너지, 시간과 공간을 모두 포함할 정도로 광대하지만, 동시에 인류처럼 미미한 존재의 삶과 죽음에 간섭할 정도로 섬세하게 짜여 있다. 이 책에서 나는 우주가 세상 만물과 함께 오케스트라를 이뤄 인류에게 들려주는 교향곡을 설명하고자 한다. 이 책을 다 읽고 나면 인류가 우주 최고의 걸작이라는 것을 깨닫게 될 것이다.

대부분의 현대인들은 오늘날이 과학사와 지성사에서 얼마나 중요한 시대인지 모른다. 갈릴레오가 망원경으로 목성의 위성을 발견해 지동설의 문을 열게 된 날, 뉴턴이 중력의 존재를 알게 된 날, 아인슈타인이 시간과 공간이 상대적이라는 것을 알게 된 날 일어났던 그런 지식의 혁명이 바로 지금 일어나고 있다. 바로 이 순간, 인류 최대의 질문인 우주의 기원과 운명이 밝혀지고 있기 때문이다. 앞으로 50년쯤 지나면 과학 교과서가 말할 것이다. 2010년경에 드디어 인류가 우주의 과거, 현재, 그리고 미래를 알게 되었다고.

이러한 우주에 대한 총체적 이해는 빅뱅 우주론대폭발 우주론으로부터 출발했다. 60여 년 전 누군가가 비아냥거리는 투로 '빅뱅Big Bang'이라고 부른 팽창 우주설이 이제는 지금까지의 모든 관측 사실을 다 설명하는 유일한 우주론으로 자리매김하게 된 것이다. 빅뱅 우주론, 모든 사람이 한 번쯤 들어 보고 익숙하게 느끼지만 그 실체는 좀처럼 알지 못하는 용어. 이 책을 통해 바로 오늘날 과학계가 인정하는 빅뱅 우주론의 핵심을 소개하고자 한다.

이 책은 지난 6년간 영국 옥스퍼드 대학교와 연세 대학교에서 가르친 내용을 나름대로 쉽게 풀어낸 것이다. 복잡한 용어와 공식을 사용하지 않다 보니 일반 독자에게는 쉽게 보일지 모르겠지만, 과학도에게는 오히려 어려울지도 모르겠다.

마무리 작업을 도와준 김태선 군과 오규석 군에게 감사를 표한다. 또한 함께 우주의 이해를 강의하며 다양한 영감을 준 김석환, 김용철, 변용익, 윤석진, 이명현 교수님과 여러 모로 부족한 원고를 읽을 만한 책으로 둔갑시켜 준 사이언스북스 편집부에 감사드린다.

신촌에서

이석영

차 례

lecture 1

당신의 우주는 얼마나 큰가요?

지인들과 종종 이런 대화를 나눈다.

"당신의 우주는 얼마나 큰가요?"

"우주? 무엇을 의미하는지에 따라 다르게 대답할 수 있겠죠."

"아, 그렇군요. 당신의 삶에 실제로 관계된다고 생각되는 영역을 묻는 겁니다."

"글쎄요. 전 무척 바쁜 사람이거든요. 아침에 일어나면 신문 1면을 슬쩍 확인하고 밤새 흰 눈이 내려서 길이 미끄럽지는 않은지, 화재가 일어나지는 않았는지, 새해 예산안은 통과가 되었는지 등 전국에 일어난 일들을 관심 있게 살펴본 후 출근을 하지요."

"대단하시군요. 서울과 제주 간 거리가 직선 거리로 450킬로미터 정도 되니, 당신의 우주의 크기는 450킬로미터 정도라고 볼 수 있습니다. 이는 1초에 30만 킬로미터를 달리는 빛의 속도로 정보를 주고받는 현대 사회의 관점에서 볼 때, 약 0.002광초입니다."

만약 이 책을 읽는 여러분이 지구 곳곳의 난민들을 아끼는 세계주의적 마음을 가지고 있어 다른 나라 소식에 자주 관심을 기울이고, 남극과 북극의 빙산이 녹는 것을 안타까워하며, 세계 금융 위기가 나아지기를 바란다면, 여러분의 우주는 반지름 6,400킬로미터 정도의 지구 전체가 되며, 이는 빛의 속도로 환산할 때 약 0.02광초가 된다.

만약 여러분이 늘 따뜻한 빛을 비추는 태양의 존재가 지구의 환경과 기후에 중요하다는 것을 알고 있으며, 2006년에 국제 천문 연맹IAU에서 명왕성을 태양계 행성 목록에서 퇴출시킨 것을 안타까워했고, 혹시나 떠돌이 혜성이나 소행성이 지구와 충돌해서 큰 불상사가 일어날 것까지 염려하고 있다면, 여러분의 우주는 태양계 전체, 즉 1광년 정도의 크기를 가졌다고 볼 수 있다.

지구에서 공룡이 모두 멸종한 것이 운석 충돌 때 생긴 먼지가 태양빛을 오랫동안 차단했기 때문이라고 보는 사람의 우주도 태양계만 할 것이다. "우주의 크기가 내가 아는 만큼이라면, 좀 더 통 크게 대답할 걸……." 하는 아쉬움이 생기지 않는가?

그럼 실제 우주의 크기는 얼마나 될까? 천문학자들은 태양과 태양계의 생성 과정을 자세히 연구하고 있다. 태양과 태양계는 약 46억 년 전에 탄생했으며, 태양과 같은 별이 1000억 개 정도 모여 있는 '우리 은하' 중심으로부터 2만 6000광년 정도 떨어져 있다. 태양계는 우리 은하의 변두리인 것이다. 태양은 자신의 탄생을 스스로 결정한 것이 아니라, 2억 년에 한 바퀴 도는 우리 은하의 회전 운동으로 인해 생겨났다. 즉 우리 은하의 회전 운동이 은하면에 넓게 펼쳐져 있는 기체 덩어리에 영향을 주어 그 기체 덩어리의 일부가 수축하면서 태양이 생겨난 것이다. 따라서 태양계의 탄생을 이해하려면 우리 은하를 먼저 이해해야 한다. 그래서 태양계의 탄생을 연구하는 천문학자들은 우리 은하 전체의 운동과 변화를 연구하는 다른 천문학자들의 도움을 받거나 직접 연구한다.

또한 우리 태양계가 탄생하기 전, 태양계의 원재료가 된 기체 덩어리 근처에서 초신성 폭발이 일어났는데, 그 초신성은 자신이 평생토록 만든 모든 무거운 원소중원소라고도 한다.를 은하 기체에 환원하고 일생을 마감했다. 현재 사람의 몸속에 있는 모든 중원소칼슘, 나트륨, 마그네슘, 철 등는 이 초신성에서 만들어졌을 확률이 크다. 인류는 모두 한 초신성의 후예인 셈이다. 수십억 년 전, 이름 모를 초신성이 평생을 바쳐 모은 귀한 중원소들을 은하에 환원하지 않았다면 지구 생명은 시작되지 못했을 것이다.

결국 초신성의 후예인 우리의 삶이 어떻게 시작되었는지를 알기 위해서는 태양계뿐만 아니라 항성과 행성과 초신성이 생멸하는 복잡한 은하계 전체를 알아야 한다. 이런 모든 것을 마음에 품고 사는 사람에게는 우주의 크기가 우리 은하의 크기인 10만 광년 정도이다.

그런데 우리 은하는 우리 우주에 있는 1000억 개 정도의 은하들 중 하나에 불과하며, 가장 가까이에 있는 은하단은하들의 모임인 처녀자리 은하단까지는 빛의 속도로 6000만 년이 걸린다. 우리 은하는 인류와

우주는 아는 만큼 넓어진다. 좁은 지상에서 하늘로, 별들 사이의 허공으로 눈을 돌려 보자.
우주가 무한한 크기로 펼쳐진다. 1 한반도 2 지구 3 태양계 4 은하 5 은하단 6 우주 배경 복사 7 다중 우주

태양계와 마찬가지로 주변의 다른 많은 은하와의 복잡한 관계를 통해 생겨났다.

은하들은 우리 우주가 아직 어렸을 때, 그러니까 우주의 나이가 30억~40억 년일 때 태어나기 시작했는데, 이러한 최초의 은하들에 대해서 궁금해하기 시작한다면, 여러분의 우주는 100억 광년 이상으로 확장된다.

이 많은 은하들은 다 어디에서 왔을까? 은하들의 씨앗은 우주 나이가 38만 년 정도였을 때 우주에 뿌려졌다. 우주 나이가 38만 년이 되던 날, 빅뱅 때 생긴 에너지와 물질로 뒤엉켜 불투명하던 우주가 맑게 갰다. 우주가 맑게 갠 첫날, 우주는 오차 10만분의 1 정도의 극도로 균일한 물질 분포를 보이고 있었다. 그런데 바로 이 작은 오차가, 즉 이 불균질성이 은하를 형성할 씨앗 역할을 한 것이다.

은하를 이루게 될 기체와 티끌의 원료인 가벼운 원소들은 시간을 더 거슬러 올라가 우주 나이가 1초에서 3분 정도 되는 초기 우주에서 만들어졌다. 지금 우주에 있는 거의 대부분의 수소와 헬륨이 이때 만들어졌다. 앞서 우리의 몸을 구성하는 대부분의 무거운 원소들이 태양계 탄생 이전의 한 초신성에서 만들어졌다고 했는데, 실제로 우리 몸의 대부분을 구성하는 물의 주원료인 수소는 거의 전부가 빅뱅 우주 초기 3분간 만들어졌다. 우리 몸이야말로 우주 탄생의 비밀을 알고 있는 최후의 증인인 것이다. 여기까지 알게 되면 여러분의 우주는 수백억 광년 크기에 달하게 된다.

그러나 여기가 끝이 아니다. 수학적으로 보면 우리 우주는 혼자가 아닐 수 있다. 다중 우주multiverse일 수도 있는 것이다. 다중 우주설을 연구하는 사람들에게 우주의 크기는 그야말로 끝이 없다.

지구에는 66억 명 넘는 사람이 살고, 200여 개의 나라가 있다. 태양은 8개의 행성을 거느리지만 우리 은하에 있는 1000억 개의 별 중 하나에 불과하다. 눈으로 볼 수 있는 우주 안에도 1000억 개의 은하가 있으며, 실제 우주의 크기는 우리가 볼 수 있는 우주에 비해 얼마나 큰지 아직 아무도 모른다.

7000만 인구가 살고 있는 남북 1,000킬로미터 한반도만 생각해도 벌써 머리가 혼미해진다는 사람도 있겠지만, 우리 인류의 진정한 고향이자 근원인 우주 앞에서, 그 무한한 심연 앞에서 느낄 현기증에 비하면 아무것도 아니다.

우리는 우리를 낳아 준 부모에게, 우리가 떠나온 고향에, 우리를 한 겨레로 이어 주는 공동체에, 그리고 우리를 먹여 살리고 있는 지구 자연에 그리움을, 또는 살가움을 느끼지 않던가? 또 뿌리를 찾고 싶은 본능적 호기심을 느끼지 않던가? 우리의 진정한 뿌리이자 고향인 우주에 대해, 그 기원과 진화에 대해 한번 깊이 생각해 보는 것이 어떨까? 나는 이 책에서 무한 우주의 심연 속으로 여러분을 초대하고 싶다. 여러분이 아는 만큼 우주는 넓어진다.

lecture 2
Problems

무게 있는 아름다움

꽃이 아름답다고들 한다. 나는 노란색 튤립을 매우 좋아한다. 몇 해 전 네덜란드의 쾨켄호프에 있는 꽃 농장에 갔는데, 손톱만 한 것부터 사람 머리만 한 것까지 각양각색의 꽃들을 보며 찬탄했던 기억이 있다. 정말 눈이 부시게 아름다웠다. 꽃뿐만 아니라 강아지, 사슴, 호랑이, 말, 코뿔소나는 코뿔소가 정말 좋다! 등 멋진 모습을 지닌 동물들, 익어 가는 벼가 있는 들판, 기암괴석이 즐비한 북한산, 빙하가 쓸고 간 미국의 그랜드캐니언 등도 우리의 가슴을 뭉클하게 한다. 작은 것들이야 어찌어찌 그렇게 됐다고 치고, 엄청난 규모로 자연이 그려 놓은 솜씨를 보면 "와!" 하는 감탄사가 절로 나오지 않는가?

자기가 사는 동네를 떠나 보지 않은 사람은 금강산, 나이아가라 폭포와 로마 콜로세움의 위용을 상상할 수 없듯이, 지구에 붙박이로 사는 우리가 우주의 모습을 알기란 쉬운 일이 아니다. 그러나 30여 년간 인간의 과학 기술이 발달하면서 드디어 찬란한 우주의 향연을 만끽할 수 있게 되었다.

천문학과 관련한 과학 기술은 다방면에서 눈부시게 발전하고 있다. 그중에서도 우주 망원경은 가장 훌륭한 과학 기술의 산물이다. 망원경을 우주 공간으로 내보내는 근본적인 이유는 지구 대기의 영향이 없는 곳에서 우주를 관측하기 위해서이다. 지구 대기는 천문 관측에 두 가지 중요한 영향을 미친다.

먼저 지구 대기는 우리가 눈으로 볼 수 있는 가시광선을 제외한 거의 대부분의 빛을 걸러 낸다. 별은 파장이 짧고 주파수가 높은 감마선부터, 엑스선, 자외선, 가시광선, 적외선, 그리고 통신에 사용하는 파장이 길고 주파수가 낮은 전파까지 다양한 빛을 내는데, 우리 눈으로 볼 수 있는 가시광선을 제외한 대부분의 빛이 지구 대기를 통과하지 못한다. 우주 망원경을 쏘아 올리기 전까지 우리는 우주에 있는 천체의 실제 모습을 보지 못하고 가시광선만을 보며 자연을 연구해 왔던 것이다.

"아니, 이럴 수가……." 하고 속상해하는 독자도 있겠지만, 지구 대기는 나름대로 우리를 위해 최선을 다하고 있는 중이다. 만일 자외선이 대기를 그대로 통과한다면 야외 활동을 하는 모든 인간은 피부암으로 죽게 될 것이다.

아무튼 빛을 선택적으로 차단하는 지구 대기가 자연 현상을 연구하는 데 큰 제약으로 작용해 왔던 것은 사실이다. 그래서 인류는 지난 반세기 동안 우주의 진짜 모습을 보기 위해 망원경을 우주로 쏘아 올렸다.

가시광선이 아닌 다른 빛으로 본 우주의 진짜 모습은 어떨까? 우리가 항상 보는 태양이 좋은 예가 될 것이다.

'태양' 하면 떠오르는 수식어는 '늘 변함없는'일 것이다. 태양이 마구 변하면 어떻게 될까? 기후와 계절도 혼란스러워질 것이고, 농사와 목축도 어려워질 것이다. 태양이 항상 동쪽에서 떠오르는 것처럼 변함없고 늘 예측 가능하다는 것이야말로 인류 생존의 기본 요건이다.

그런데 태양은 정말 변하지 않을까? 절대 그렇지 않다! 태양도 변하고 있다. 46억 년 동안 태양은 조금씩 밝아지고 온도가 낮아지고 있다. 하지만 이렇게 오랜 시간에 걸친 변화는 비교적 '짧은' 역사를 살아온 인류에게는 큰 의미가 없다. 그럼, 태양은 인류가 감지할 수 있는 정도로는 변하지 않는 걸까? 아니다. 태양은 시시각각 쉬지 않고 변한다. '엑스선'으로 태양을 관측하면 그 변화를 관찰할 수 있다. 이 놀라운, 인류 역사 최초의 발견을 해낸 주인공은 일본의 요코 우주 망원경이다. 이 우주 망원경이 관측한 태양의 변화 양상은 정말 대단했다. 누구라도 요코 우주 태양 망원경 프로젝트의 홈페이지http://www.lmsal.com/SXT/homepage.html에서 동영상으로 이 장관을 감상할 수 있다.

태양이 약 25일에 한 번 자전하는 것을 감안하면, 이 동영상이 보여주는 태양의 변화가 매우 빠르다는 것을 알 수 있다. 여기에 보이는 복잡한 변화는 주로 태양 표면의 자기장 때문에 일어나는 고에너지높은 온도로 인한 현상으로 가시광선으로는 볼 수 없으며 오직 짧은 파장을 가진 엑스선과 감마선으로만 관측 가능하다. 이 동영상을 본 사람이라

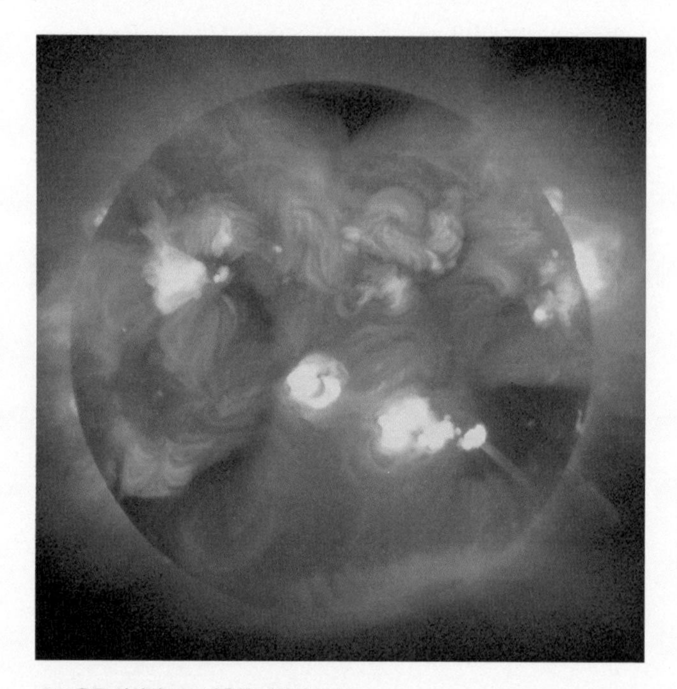

요코 우주 망원경으로 관측한 태양의 모습

면 누구든 "늘 변함없는 태양"이라고 부르는 대신 "변화무쌍한 태양"이라고 하지 않을까? 그러나 이 동영상은 태양의 표면만 보여 주는 것에 불과하다. 화려한 태양 표면 속 태양 중심부에서는 상상을 초월하는 변화가 일어나고 있다.

태양과 같은 별들은 대부분 수소와 헬륨 기체로 이루어져 있다. 별의 중심부에서 수소를 연료로 핵융합 반응을 일으켜 높은 온도와 압력을 만들고 있다. 별의 바깥쪽으로 향하는 이 압력이 태양의 질량 때문에 생기는 자체 중력과 평형을 이루어 태양이 순식간에 중력 붕괴해 수축하는 일을 막는다.

이 핵융합 반응에서 만들어지는 에너지는 1초에 1조 개의 핵폭탄을 터뜨리는 것에 맞먹는다. 일정한 모양을 유지하기 위해 핵폭탄을 1초에 1조 개씩 터뜨리고 있는 태양을 정말 평온하다고 할 수 있을까? 절대 내색하지는 않지만 자식들을 위해 온갖 수고를 아끼지 않는 부모처럼 지구 생명의 근원인 태양은 말로 다 표현할 수 없는 수고를 하며 엄청난 양의 에너지를 생산하고 있다. 요코 우주 망원경이 엑스선으로 포착해 낸 태양 표면의 현란한 무늬는 미소 짓고 있는 부모님 눈가의 잔주름과 같은 것일지도 모른다. 엑스선으로 나타난 그 비밀스러운 모습은 꿈에도 잊을 수 없는 아름다움 그 자체이다.

지구 대기가 천문 관측에 미치는 또 하나의 중요한 영향은 지구 대기가 별빛을 산란시켜 천체의 이미지를 흐리게 만든다는 것이다. 별빛은 머나먼 우주 공간을 큰 방해를 받지 않고 항해하지만, 정작 지구상의 망원경에 발견되기 직전에 지구 대기로 인해 흩어져 버리고 만다.

그 결과 천체의 이미지가 뿌옇게 흐려진다. 별이 반짝이는 것도 대기 산란으로 별빛이 흩어지기 때문이다. 우주 망원경은 이런 대기 산란의 방해를 받지 않고 천체를 관측할 수 있다.

대표적인 우주 망원경인 허블 우주 망원경은 지름 2.4미터짜리 반사경을 가지고 있다. 허블 우주 망원경은 원래 계획 단계에서는 지구상의 최고 관측 조건에 있는 망원경에 비해 100배 정도 나은 해상도를 얻을 수 있는 장치로 설계되었다. 그러나 반사경 제작상의 어려움과 시행착오가 겹쳐 10배 정도의 해상도를 갖는 장비로 제작되었다. 아쉬운 일이지만, 이것만으로도 과거에 꿈꿀 수 없었던 연구가 가능해졌다. 축구장 관중석에서 그라운드에 놓인 축구공을 본다고 생각해 보자. 축구공이 하얀 점처럼 자그마하게 보일 것이다. 이것이 허블 우주 망원경 이전까지의 상황이었다면 허블 우주 망원경 이후는 축구공 옆에 놓인 수백 개의 탁구공도 보이는 상황인 것이다. 이 어찌 놀라운 일이라 하지 않겠는가.

내가 미국에서 박사 학위 연구를 하고 있을 때, 두 시간 동안 멍하게 컴퓨터 화면만을 바라보게 만든 사진이 있다. 바로 별들의 요람인 독수리 성운이었다. 7,000광년 떨어진 이 기체 덩어리 사진에서 새롭게 별이 탄생되고 있는 모습이 적나라하게 드러났다. 태양과 몸집이 같거나 더 큰 별들이 뿅 하고 기체 덩어리에서 튀어나오는 듯한 그 사진은 최고의 해상도를 자랑하는 허블 우주 망원경 작품이었다. 32쪽 사진 참조

거대한 기체 구름 기둥에서 탄생한 별들이 강력한 항성풍을 내뿜으며 구름을 걷어 내고 빈 공간으로 나온다. 보이는 조그만 구름 뭉치 하

나마다 큰 별을 하나씩 만들고 있으며, 세 개의 기둥이 각각 수백 개의 별을 만든다. 전체 성운을 통해 만들어지고 있는 별은 수만 개에 달하리라 생각된다. 실제로 성간 구름을 투과해서 볼 수 있는 스피처 우주 망원경으로 이 성운을 보면 구름 속에 숨어 있는 수천 개의 별을 확인할 수 있다. 실로 놀라운 일이 아닐 수 없다. 우주로 간 망원경은 우리에게 별이 어떻게 태어나는지를 적나라하게 알려 준 것이다.

오랜 세월이 지나면 이 별들의 최후는 어떻게 될까? 이 역시 허블 우주 망원경이 해답을 알려 줬다. 고양이눈 성운, 붉은직사각형 성운, 적색 초거성 외뿔소자리 V838을 허블 우주 망원경으로 관측하면 태양과 질량이 비슷한 별이 어떤 최후를 맞는지 알 수 있다. 별은 일생의 대부분을 별 중심부에 있는 수소와 헬륨을 태우며 사는데, 연료가 고갈되면 중심부는 수축하게 되고, 외곽부는 팽창해 우주 공간으로 흩어지게 된다. 우주 공간으로의 팽창은 매우 복잡한 물리적 과정을 거치게 되며, 경우에 따라 그 모습이 매우 아름답다.32~34쪽 사진 참조 비슷한 별이라 할지라도 그 최후의 모습은 천차만별이다. 살아가는 모습은 다 비슷해 보여도 죽음을 맞이하는 모습은 다 다른 사람처럼 말이다. 이렇게 아름다운 우주의 향연이 작은 도화지에 그려진 그림이라 해도 예쁘다 하고, 그랜드캐니언과 같은 크기였다면 아름답고 위용 있다 할 터인데, 하물며 태양계 크기의 수천 배 이상 큰 우주 공간에 걸쳐 이러한 모습을 드러내고 있다면 예쁘다, 아름답다는 표현으로는 부족하지 않을까.

그렇지만 나 같은 은하 연구가에게 별은 그냥 점에 불과하다. 그 점

허블 우주 망원경으로 관측한 독수리 성운. 독수리 성운에서 별이 탄생한다.

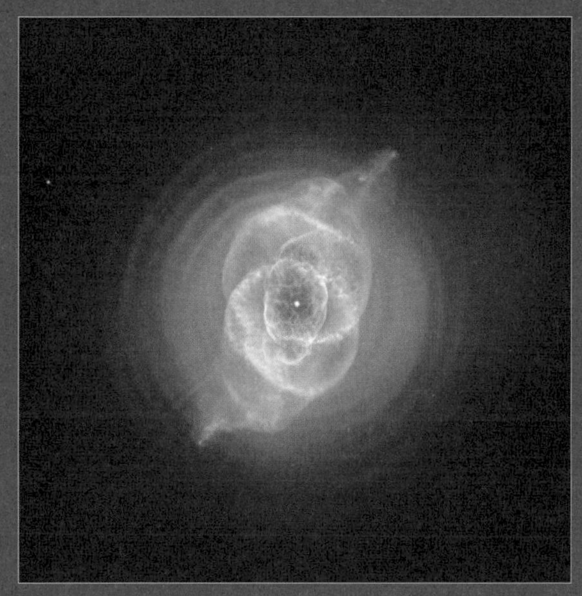

허블 우주 망원경으로 관측한 고양이눈 성운. 별의 최후의 모습을 보여 준다.

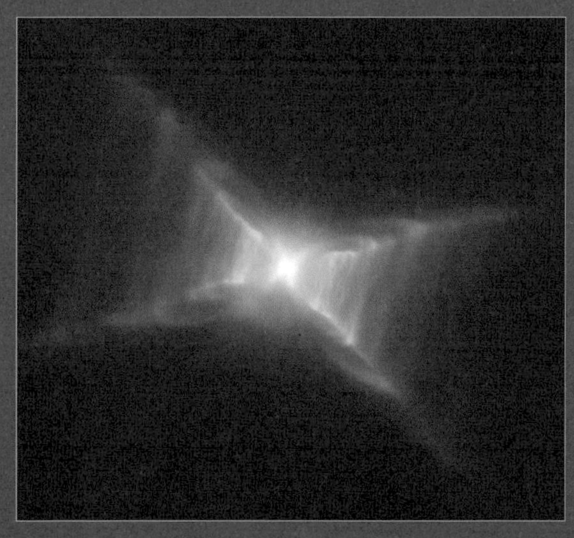

허블 우주 망원경으로 관측한 붉은직사각형 성운. 별의 최후의 모습을 보여 준다.

허블 우주 망원경으로 관측한 외뿔소자리 V838(적색 초거성). 별의 최후의 모습을 보여 준다.

허블 우주 망원경으로 관측한 M101(나선 은하)

허블 우주 망원경으로 관측한 멕시코모자 은하(렌즈형 은하)

허블 우주 망원경으로 관측한 아벨1689(은하단)

들의 모습도 멋지기는 하지만 수천억 개의 별이 모여 있는 은하의 세계는 또 다른 장관을 연출한다. 이 은하들의 장관 역시 허블 우주 망원경이 보여 주었다.

34쪽에 있는 M101은 대표적인 나선 은하인데 우리 은하를 가장 닮은 은하라고 여겨진다. 이 은하는 태양과 같은 별을 500억 개 정도 가지고 있다. 멋진 나선팔 하나가 수십억 개의 별을 거느리고 은하의 중심을 공전하고 있다. 사실은 나선팔 자체가 공전을 하는 것이 아니고 별들이 공전하는 중에 밀집되어 나타나는 현상이 나선팔로 보이는 것이다. 예를 들어 고속도로에 운행하는 차량의 행렬을 헬리콥터에서 멀리 떨어져서 본다면 차들이 몰려 있는 부분이 천천히 움직이는 것처럼 보이는데, 은하 나선팔도 이러한 밀도파의 결과로 해석된다. 나선팔은 별들이 탄생하는 대표적인 지점이고 우리 태양계도 은하 중심에서 2만 6000광년 정도 떨어진 나선팔 위에 있는 것으로 알려져 있다. 수챗구멍으로 물이 빠져나가며 일어나는 소용돌이와 일기 예보에서 보여 주는 태풍의 소용돌이를 보며 신기해하던 어린 시절이 기억나는가? 우주 공간에는 우리가 어릴 때 본 것과는 비교도 안 될 정도로 거대한 소용돌이들이 수많은 별들을 품고 돌고 있다.

은하는 모양에 따라 나선 은하, 타원 은하, 불규칙 은하의 세 종류로 나눈다. 타원 은하는 나선 은하와 달리 나선팔을 갖고 있지 않고 눈송이처럼 둥그렇다. 더 이상 새로운 별을 많이 만들지 않는 타원 은하는 보통 나선 은하보다 몸집이 커서 태양과 같은 별을 1000억 개에서 많게는 1조 개까지 가지고 있으며, 주로 나선 은하들이 충돌해 만들어진다고 생각된다.

앞에 있는 사진 중에 멕시코모자 은하Sombrero galaxy가 있다. 이 은하는 렌즈 모양의 은하인데 타원 은하로 만들어져 가는 과정의 중간 단계라고 여겨진다. 은하가 어쩌면 이렇게 예쁘게 생겼을까! 동그란 띠가 꼭 토성의 고리를 닮았지만 사실은 태양 질량의 수천만 배에 해당하는 분자 먼지 구름이다. 세월이 더 흘러 20억~30억 년이 지나면 이 예쁜 띠는 없어지고 보통의 타원 은하가 될 것이다. 20억 년 하면 "헉" 놀라는 독자가 있겠지만, 내가 지도하는 은하 진화 연구 그룹에서는 주로 10억 년이 기본 시간 단위이다. 여하튼 이 띠가 멕시코 사람들이 즐겨 쓰는 챙 넓은 모자sombrero를 닮았기 때문에 이런 이름이 붙었다. 나는 이 은하를 볼 때마다 더운 여름날 모자를 푹 눌러써서 얼굴이 반만 보이는, 영화 속 멕시코 총잡이가 생각난다.

은하도 사람과 비슷하다. 혼자 떨어져서 시골에 살고 있는 은하들도 있지만, 많은 은하들은 도시 같은 은하단을 이루어 살아간다. 은하의 도시에는 많게는 1,000여 개의 은하가 모여 산다. 허블 우주 망원경이 포착해 낸 은하단 아벨1689는 은하의 대도시 중 하나이다. 각각 수천억 개의 별들을 가진 무수히 많은 은하들이 모여 거대한 은하단을 이룬다는 것을 믿을 수 있는가?

귀국한 지 얼마 지나지 않아 신촌 거리를 걷다가 우연히 커다란 옥외 광고를 보게 되었는데 거기에 "A letter from Abell 1689"라고 씌어 있었다. 그래서 그날 강의에서 학생들에게 "아벨1689는 제가 제일 좋아하는 은하단인데 도대체 이 광고는 무엇인가요?"라고 물었더니 한 학생이 "인기 가수가 부른 노래 제목입니다."라고 대답했다.여성 가수 메이비의 1집 앨범에 실린 표제곡이라고 한다. 얼마나 눈물 나게 반갑던지. 21세기 한국 사람들은 과학에 상당히 많은 관심을 가지고 있구나 하고 감탄했다.

내가 이 은하단을 좋아하는 것은 놀라운 비밀이 숨어 있기 때문이다. 이 은하단은 우리 은하와 같은 은하를 1,000개 이상 포함하고 있다. 지구로부터 26억 광년 떨어져 있으니까, 우리가 보는 모습은 이 은하단의 26억 년 전 모습이다. 그런데 허블 우주 망원경이 이 은하단을 찍은 사진35쪽 참조을 보면 이상하게도 잘린 원호를 많이 볼 수 있다. 무언가 이상하지 않은가? 이것이 바로 100년 전쯤에 아인슈타인이 내놓은 일반 상대성 이론에 대한 가장 직접적인 증거이자 우주의 구조를 밝힐 비밀의 열쇠이다.

일반 상대성 이론의 핵심 내용은 절대적인 시간과 공간이 존재하지 않고, 물질, 즉 에너지가 존재하는 양에 따라 시공간의 모습이 결정된다는 것이다. 따라서 얼마나 많은 은하들과 질량이 모여 있는지에 따라 시공간의 형태가 상대적으로 달라진다. 일반 상대성 이론에 따르면 큰 질량을 가진 은하들이 많이 모여 있는 은하단 영역은 시공간이 매우 심하게 휘어져 왜곡되어 있어야 한다. 이런 경우 은하단 뒤쪽의 더 먼 우주에서 오는 빛은하의 빛이 우주 공간을 날아오다가 이 휘어진 공간을 따라 구부러져야 한다. 이것을 '중력 렌즈 효과'라고 한다. 그러나 아인슈타인의 상대성 이론이 등장하고 50년이 넘도록 이 이론적 예측을 입증할 방법을 찾지 못했다.

"뭐라고? 시간과 공간이 하나라고? 시공간이 휜다고? 빛이 시공간을 따라 휘어 진행한다고?" 아마 끝도 없는 질문이 생길 것이다. 내 대답은 "하하. 알고 싶으세요? 천문학 공부하세요."이다. 심술궂다고? 일반 상대성 이론 이야기를 지금 이야기하기 시작하면 빅뱅 우주론의 다른 이야기를 하기도 전에 이 책이 끝나고 만다. 그래서 잠시 접어 두자. 다만, 중력 렌즈 효과에 대한 연구에서 한국 과학자가 커다란 역할을 했다는 사실 하나는 기억해 두자. 그 사람이 바로 1979년에 《네이처*Nature*》에 중력 렌즈 효과를 주제로 한 논문을 발표한 장경애 박사였다. 정말 자랑스러운 일이다.

중력 렌즈 효과가 우주 구조의 비밀을 밝히는 열쇠라는 이야기를 앞에서 잠깐 했다. 그것은 중력 렌즈 효과로 인해 나타난 원호들을 자세히 분석하면 렌즈 역할을 하는 은하단 전체의 질량을 알아낼 수 있기 때문이다. 이렇게 밝혀진 아벨1689 은하단의 총 질량은 태양 질량의 약 1000조 배. 여기서 침을 한 번 꿀꺽 삼키고, 천문학적 숫자라는 것을 다시 한번 되새기자. 그런데 중력 렌즈 효과로 계산한 총 질량은 이 은하단에 속해 있는 모든 은하의 질량의 합에다 엑스선으로만 관측되는 수억 도짜리 고온 기체의 질량까지 다 합한 질량보다 6~7배나 더 크다. 이 은하단 영역에서는 보이지 않는 질량이 보이는 질량보다 훨씬 더 많은 것이다. 이 보이지 않는 무언가를 '암흑 물질dark matter'이라고 부른다. 천문학자들이 처음 이런 정보를 접했을 때는 전혀 상상 불가능한 일이라고 여겨 눈여겨보지 않았지만, 오늘날 암흑 물질의 존재는 다른 여러 현상을 통해서 거듭 증명되고 있다. 게다가 우주의 구조와 진화 그리고 미래를 결정하는 것은 보이는 물질이 아니라 보이지 않는 물질이라는 게 명백해지고 있다. 기가 막힐 노릇이다. 우주를 자세히 들여다보면 볼수록 또 다른 신비의 심연은 깊어만 가는 것 아닌가! 대기 밖으로 나간 우주 망원경은 우리 우주의 크기를 더 크게 더 깊게 만들었다.

꽃이 아름답다고들 하는가? 나는 감히 "꽃보다 아름다운 것이 우주 공간에 있다."라고 말하고 싶다. 우주에는 단순한 아름다움을 넘어 '무게 있는 아름다움'이 있다. 그 존재를 확인했을 때 갑절, 규모를 알게 되었을 때 갑절, 그리고 그 의미를 비로소 깨달았을 때 또 갑절이 되는 감동. 바로 그 감동이 우주에 있다.

앞에서 소개한 허블 우주 망원경으로 찍은 사진들은 무게 있는 아름다움을 자랑하는 천체 사진들 중 극히 일부일 뿐이다. 바로 지금 허블 우주 망원경 연구소의 홈페이지http://hubblesite.org/gallery를 방문해 신비로운 우주의 모습을 직접 확인하자.

● 우주 망원경 연구소

우주 망원경 연구소Space Telescope Science Institute, STScI는 미국 메릴랜드 주 볼티모어 시에 있는 존스 홉킨스 대학교 캠퍼스 내에 있다. 이 연구소에서 일하는 100여 명의 박사급 연구원들은 허블 우주 망원경이 잘 작동하도록 관리하고 관측 자료를 정밀하게 분석한다. 일명 ST'Space Telescope'에서 따온 비공식 별명이다.로 통하는 이 연구소는 곧 운영이 중단될 허블 우주 망원경을 돌보는 일 외에도, 그 뒤를 이을 제임스 웹 우주 망원경James Webb Space Telescope, JWST 프로젝트를 진행하고 있다.

제임스 웹 우주 망원경은 작은 여객기와 크기가 비슷하고, 구경이 2.4미터인 허블 우주 망원경에 비해 훨씬 거대한 6.5미터 반사경을 가졌으며, 2018년도에 궤도에 올려질 예정이다. 조금 더 자세한 소개는 17강에서 하겠다.

많은 연구자들이 있지만 그중에서도 콜린 노먼Colin Norman, 마이크 폴Mike Fall 등으로 구성된 은하 이론 연구팀은 그 명성이 드높다. 또한 허블 우주 망원경의 최대 역작으로 여겨지는 허블 딥 필드Hubble Deep Field 프로젝트의 밥 윌리엄스Bob Williams, 해리 퍼거슨Harry Ferguson, 앤디 프럭터Andy Fruchter 등의 관측팀도 만만치 않다. 해리 퍼거슨은 나의 박사 학위 논문 외부 심사 위원이기도 했다.

우주 망원경 연구소는 다양한 연구뿐만 아니라 탁월한 대중 교육으로도 유명하다. 예를 들어 연구소 홈페이지에서 제공하는 천체 사진 갤러리는 허블 우주 망원경의 탁월한 해상도를 충분히 활용해 모든 사람에게 감동을 준다. 멋진 사진들뿐만 아니라 천체 사진이 어떻게 그런 색과 모습을 갖게 되었는지 친절한 설명도 제공한다. 아직도 허블 갤러리 사이트http://hubblesite.org/gallery를 방문하지 않은 독자는 지금 잠깐 책을 덮고 접속해 보자.

lecture 3

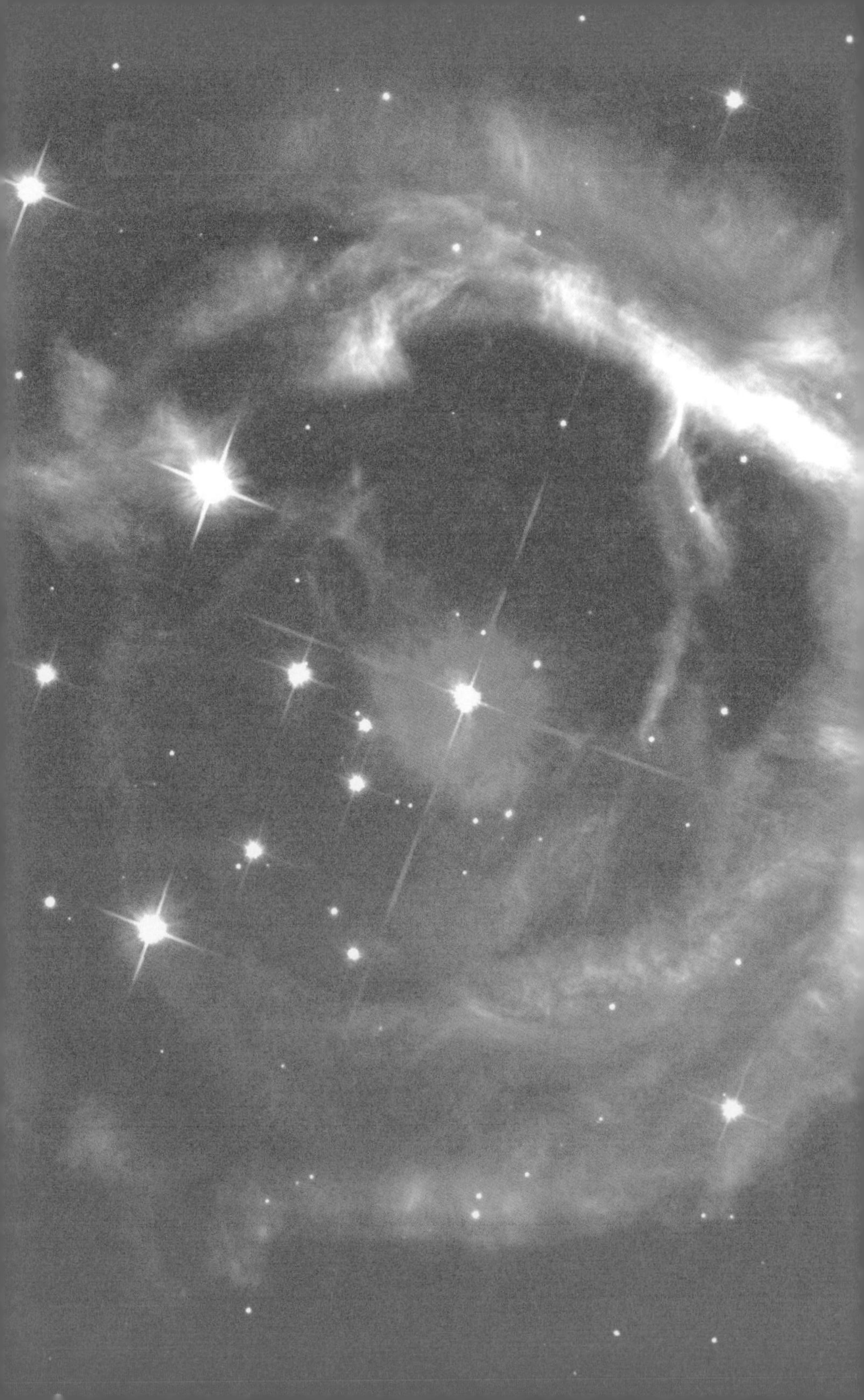

우주는 왜 한 점으로 수축하지 않을까?

대학교 1학년 신입생들에게 "여러분, 빅뱅이란 말이 멋지죠?" 하고 물었다. 즉각적으로 우레와 같은 대답이 "예." 하고 돌아왔다. 강의 대부분을 빅뱅 우주론에 할애하는 나로서는 매우 뿌듯한 일이었다. 그런데 그 학기가 다 지난 후에야 알게 되었다. '빅뱅'이란 남자 가수 그룹이 있다는 것 아닌가! 학생들 중 얼마만큼이 우주론 개념인 빅뱅이 멋지다고 대답한 걸까? 하지만 상관없다. 어쨌든 빅뱅, 정말 멋진 이름이다. 그런데 많이 들어 본 빅뱅 우주론이란 도대체 무엇이며 어떻게 시작되었을까? 이야기는 알베르트 아인슈타인Albert Einstein에서 시작한다.

아인슈타인에게 우주의 모습은 경이로웠다. 자신 스스로도 기술하기 힘들 정도로 어려운 일반 상대성 이론을 동료 수학자의 힘을 빌려 창시한, 물리학자의 대명사 아인슈타인. 그는 보통 과학자라면 지나쳐 버릴 지극히 평범한 문제를 붙잡고 씨름한 끝에 물리학의 역사를 바꾸는 위대한 발견들을 했다.

상대성 이론 발표 후 그를 사로잡은 최고의 미스터리는 우주가 평화로워 보인다는 것이었다. 하늘에 보이는 저 천체들은 어떤 원리로 평화롭게 떠 있을까? 만물 사이에는 서로 끌어당기는 만유인력이 작용하는데, 왜 우주 공간에 흩어진 천체들은 서로를 끌어당겨 한 점으로 모이지 않을까? 우주는 한 점으로 빠르게 수축하는 것처럼 보여야 하지 않을까?

사실 이 질문은 얼핏 보면 그럴싸해 보이지만, 당시 우리 인류의 우주에 대한 무지를 잘 보여 주는 일례이다. 우선, 그가 바라본 천체는 대부분 우리 은하에 속해 있는 별들이었을 텐데, 우리 은하의 별들은 대부분 은하 중심에 대해 원반을 형성하며 회전 운동을 하고 있으므로 인력에 평형을 이루는 원심력을 느끼고 있다. 따라서 별들은 은하 중심부로 움직이지 않는다.

만일 아인슈타인이 말한 천체가 우리 은하 밖에 있는 은하들이라면? 아니다! 당시1910년대에는 외부 은하의 존재조차 몰랐고, 우리 은하 자체가 우주 전체라는 생각이 팽배했다. 그때는 희미하게 보이는 외부 은하들을 '성운기체 구름'의 일종이라고 믿었다. 이런 이유로 아직도 '안드로메다 성운', '대마젤란 성운'이라는 용어가 화석처럼 남아 있다.

또한 당시의 관측 기술로는 우주가 실제로 수축하고 있는지 아닌지를 알 수 있는 방법이 없었다. 우주의 수축 혹은 팽창을 조사하려면 은하들의 공간 이동을 도플러 효과 등을 이용해서 측정해야 하는데, 그런 기술이 보편화되어 있지 않았을 때였다.

결과적으로 아인슈타인의 "우주는 왜 한 점으로 수축하고 있지 않을까?" 하는 질문은 시작부터 오류투성이였다. 그런데 이 오류투성이 질문이 인류가 우주의 기원에 대해 한 질문 중 가장 의미심장한 질문이 되고 말았다.

혹자에게는 아인슈타인의 오류투성이 질문이 과학 역사상 최대의 이슈가 된 것이 우스울지도 모르겠다. 그러나 나는 비슷한 사례를 아주 가까이서 여러 번 목도했다.

내가 예일 대학교에서 박사 학위 연구를 하고 있을 때, 두 분의 지도 교수를 모시고 있었다. 한 분은 지금도 아버지처럼 여기는 피에르 드마크Pierre Demarque라는 항성 진화 이론의 대가였고, 다른 한 분은 부처-옴러 효과Butcher-Oemler effect로 유명한 오거스터스 옴러Augustus Oemler였다. 드마크 교수가 주로 수학적이고 말끔한 분석에 강한 반면 옴러 교수는 영감을 따라 우주의 큰 그림을 그리는 데 매우 뛰어났다.

어느 날 내가 새로운 분석을 해서 그림 하나를 만들어 옴러 교수에게 보이며 "별다른 관계식을 찾을 수가 없는데요." 했더니 "아냐, 관계식이 있어." 하면서 얼핏 보기에는 무작위 분포처럼 보이는 자료 사이로 굵직한 선을 하나 긋는 것이 아닌가. '앗! 이런 돌팔이가 있다니…….' 그런데 훗날, 동일한 천체에 대해 더 나은 관측 자료를 얻고 보니 거짓말처럼 바로 그 관계식이 나타났다. 역시 거장의 눈에는 별게 다 보이나 보다. 안타깝게도 그게 무슨 관계식이었는지는 기억이 나지 않는다. 이야기가 잠시 옆으로 샜다.

한 가지 더 옆으로 샌다면 부처-옴러 효과는 적색 이동이 큰 은하단, 즉 멀리 있는 과거의 은하단에서 푸른 은하가 관측되는 비율이 우리 은하 주변에서 관측되는 오늘날의 은하단에서 관측되는 비율보다 크다는 것이다.

여하튼 아인슈타인은 오류투성이 질문 "왜 하늘의 천체들이 한 점으로 수축하는 것으로 보이지 않고 평온하게 자기 자리를 지키고 있을까?"에 대한 대답으로 "우주에는 우리가 알지 못하는, 중력에 반대되는 힘이 존재한다."라고 결론지었다. 그리고 이 반중력적인 에너지를 일컬어 '우주 상수'라고 이름 붙였다. 아인슈타인은 변함없이 정적인 우주야말로 아름다운 우주라고 생각했고, 우주 상수야말로 정적인 우주를 위해 필수적인 조건이라고 생각했다. 이때가 1910년대 말이다.

몇 년이 지난 1922년경, 러시아의 알렉산드르 프리드만Alexander Friedmann은 전혀 새로운 해답을 제시했다. 그는 우주가 수축하지 않는 것처럼 보이는 이유는 우주가 사실은 팽창하는 중이기 때문이라고 생각했다.

이렇게 생각해 보자. 눈을 감고 있던 두 사람이 잠시 눈을 떴다가 다시 감는 도중에 공중에 떠 있는 공을 보았다. 한 사람은 "어? 왜 공이 중력을 어기고 공중에 떠 있을까?" 하며 반중력적 효과를 고려했다면, 다른 사람은 "아 누가 공을 위로 던졌나 보군." 하고 생각할 수도 있는 것이다. 전자가 아인슈타인의 경우이고, 후자는 프리드만의 경우이다. 물론 아인슈타인의 우주가 무조건 덜 매력적인 것은 아니다. 아인슈타인의 정적인 우주는 영원하고 불멸하다. 반면 프리드만의 우주는 동적이므로 눈에 보이는 현상과 잘 들어맞는다는 장점이 있지만, “도대체 우주가 왜 움직이기 시작했을까?”에 대한 대답이 필요하다.

당시 사람들은 어떤 이론을 더 믿었을까? 이미 1921년에 광양자설 연구로 노벨상을 받고 특수 상대성 이론, 일반 상대성 이론, 브라운 운동 등 수없이 많은 업적으로 세계 최고봉에 오른 스타 학자 아인슈타인과 러시아의 이름 모를 학자 프리드만 중 누구의 말이 믿기 쉬웠을까? 말할 것도 없이 아인슈타인이다. 사람들은 모든 것이 변하더라도 우주만은 영원불변할 것이라고 생각했고, 우주 상수라는 괴상한 에너지를 필요로 함에도 불구하고 아인슈타인의 우주가 더 그럴싸하다고 여겼다.

그러나 1929년에 또 하나의 과학 혁명이 일어났다. 코페르니쿠스의 지동설, 뉴턴의 중력 법칙, 아인슈타인의 상대성 이론에 버금가는 혁명적 발견이었다. 프리드만이 예측했던 것처럼 우주는 팽창하고 있었다! 이 놀라운 발견을 한 사람은 에드윈 허블Edwin Hubble이었다.

미국 미주리 주 출신인 다재다능한 허블은 육상과 권투 등에 능했고 로즈 장학생Rhodes' scholarship으로 선발되어 영국 옥스퍼드 대학교에서 법학과 스페인 어를 공부하기도 했다. 로즈 장학생은 세실 로즈Cecil J. Rhodes라는 사업가가 기부한 장학금으로 2~3년간 옥스퍼드에서 공부할 수 있는 기회를 제공받는데, 오늘날에는 전 세계에서 80여 명을 선발한다. 내가 예일 대학교에서 공부할 때도 매년 예일, 하버드, 프린스턴 등의 명문 대학교들이 그해에 로즈 장학생을 몇 명 배출했는지를 두고 경쟁하고는 했다. 그러나 로즈 장학생의 명예도, 법관이 되는 것도, 허블의 우주에 대한 호기심을 잠재울 수 없었다. 미국으로 돌아온 후 시카고 대학교에서 천문학 박사 학위를 받은 허블은 당대 최고의 관측 시설을 갖춘 캘리포니아의 윌슨 산 천문대에 취직했다.

허블은 취직하고 얼마 지나지 않아 위대한 업적을 남겼다. 뿌옇게 보여서 성운우리 은하에 속한 기체 구름이라고 여겨 왔던 것들의 대다수가 '외부 은하'임을 밝혀냈다. 이 발견을 중요하게 여기는 사람이 그리 많지는 않지만, 과학사에 길이 남을 훌륭한 업적이다. 이 업적은 넓은 의미의 '코페르니쿠스 혁명'의 예라고 볼 수 있다. 니콜라스 코페르니쿠스 Nicolas Copernicus는 잘 알려진 대로 16세기경 지구가 태양 주위를 돈다고 밝히며 지동설을 주장한 천문학자이다. 그의 지동설은 우주가 자신들을 중심으로 돈다고 믿었던 인류의 무지에 대한 큰 도전이자 계몽이었다. 이를 코페르니쿠스 혁명이라고 한다. 이후 지구 운동의 중심인 태양조차도 우주의 중심이기는커녕 우리 은하의 주변부를 도는 1000억 개의 별들 중의 하나라는 것을 알게 되었고, 우주 그 자체라고 믿었던 우리 은하 역시 수많은 은하들 중 하나라는 사실을 발견했다. 이후 더 이상 그 누구도 세상이 우리 인류를 중심으로 돌아간다고 말할 수 없게 되었다. 이 코페르니쿠스 혁명의 주인공 중 한 사람이 바로 허블이고, 그가 이 혁명적 연구를 발표한 게 1926년경이었다.

허블의 연구를 좀 더 자세히 살펴보자. 그 무렵 몇몇 천문학자가 이상한 관측 결과를 가지고 씨름하고 있었다. 새로이 은하라고 밝혀진 천체들을 분광 관측프리즘으로 천체에서 날아온 빛을 나누어 천체의 구성 성분을 알아내는 관측을 해 보니, 은하들이 내는 빛이 예상되는 파장보다 조금씩 긴 파장으로 움직인 것으로 보였다. 오늘날 우리는 이를 '적색 이동 redshift, 혹은 적색 편이'이라고 부른다. 수수께끼 같은 이 문제에 전념하던 허블은 동료 밀턴 휴머슨Milton Humason과 함께 매우 흥미로운 현상을 발견했다. 어두운 은하일수록 적색 이동의 정도가 심하게 나타났다.

나는 어렸을 때 내가 매우 특별한 사람이라고 생각했다. 인사성 바른 나를 동네 어른들이 알아봐 주는 것까지는 이해가 되는데, 어느 동네에 가든지 그 동네 구급차, 소방차, 경찰차도 나를 알아봐 주었기 때문이다. 그 차들의 운전 기사들은 어느 동네에 있든지 나를 지나치기만 하면 사이렌 소리를 높은 소리에서 낮은 소리로 급히 바꾸어 내게 알은체를 했다. 아니, 날 어떻게 알지? 나중에 이것이 '도플러 효과'라는 것을 알게 된 후 크나큰 실망을 느꼈다. 왕자병이라고 너무 놀리지는 마라. 밤마다 나를 따라다니는 달을 졸병으로 생각하지 않은 것만 해도 다행이지 않은가?

어쨌든 적색 이동 역시 이러한 도플러 효과로 나타나는 현상이다. 소리를 내는 음원이나 빛을 내는 광원이나 모든 파동의 성질을 가진 것들은, 나에게 가까이 다가올 때는 그 파장이 실제로 방출된 파장보다 짧게 나타나고 내게서 멀어지면 실제보다 긴 파장으로 관측된다. 이미 1842년에 크리스티안 도플러Christian Doppler가 밝혀낸 현상이다. 좀 더 쉽게 말하자면, 피리 부는 사람이 '솔' 음을 내면서 빠른 속도로 내게 다가오면 나는 한 음 높은 '라' 음이라고 들리고, 피리 부는 사람이 빠른 속도로 나를 지나쳐 멀어져 간다면 이제는 한 음 낮은 '파' 음

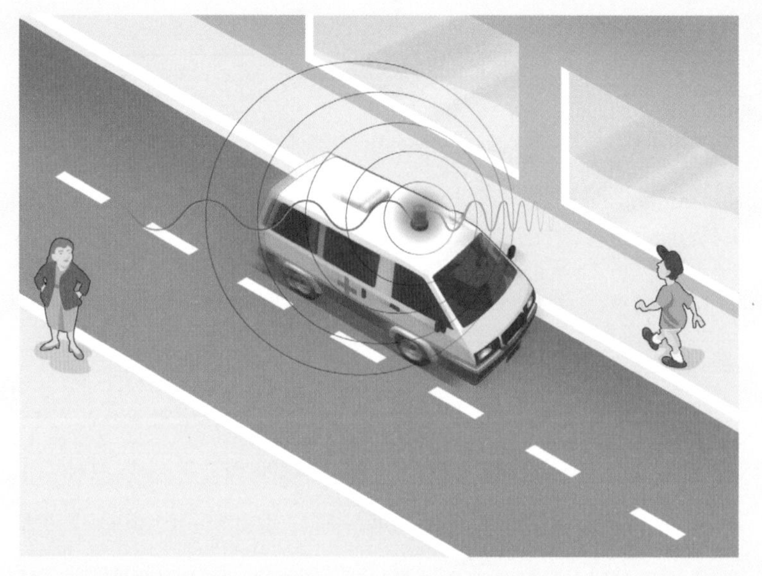

도플러 효과. 구급차의 사이렌 소리는 빠른 속도로 나에게 다가올 때는 높은 음으로 들리고 멀어질 때는 낮은 음으로 들린다.

에드윈 허블은 우주가 팽창한다는 사실을 발견했다. 멀리 있는 은하가 더 빨리 멀어진다. 왼쪽 위 사진 속 인물이 에드윈 허블이다.

으로 들린다는 것이다.52쪽 위 그림 참조

이 도플러 효과를 악용하다 덜미를 잡힌 사람 이야기가 있다. 교차로에서 빨간 신호등을 무시하고 돌진한 한 운전자가 법정에서 어디서 들은 풍월로 "글쎄, 제가 신호등에 가까이 다가가는 움직임이 도플러 효과를 일으켜 빨간 신호등이 파랗게 보이지 뭡니까?"라고 했다고 한다. 재치 있는 판사가 "그런 현상이 나타나려면 빛의 속도의 10분의 1, 즉 초속 3만 킬로미터 정도의 속력으로 달렸다는 이야기인데, 그럼 당신은 벌금형에 그치는 것이 아니고 당장 운전 면허 취소요." 했더란다.

실제로 허블이 관측한 은하들 스펙트럼은 붉은색 쪽으로 치우쳐 보였고, 이는 은하들 모두가 우리로부터 멀어져 가고 있음을 뜻했다. 은하가 멀면 멀수록, 더 빨리 멀어져 가고 있었는데, 이는 프리드만의 팽창하는 우주와 맞아떨어지는 결과였다.52쪽 아래 그림 참조

예를 들어 우리나라가 앞으로 1년 동안 2배로 커진다고 가정해 보자. 정말 그랬으면 좋겠다. 그러면 서울과 대전 간 거리는 현재 약 160킬로미터에서 320킬로미터가 되어, 대전이 서울로부터 멀어져 간 평균 속도는 '160킬로미터/년'이 된다. 같은 기간 동안 서울과 부산 간 거리는 400킬로미터에서 800킬로미터가 되어, 부산이 서울로부터 멀어져 간 속도는 '400킬로미터/년'이 된다. 즉, 각 도시가 '서울로부터 멀어져 간 속도'는 현재 '서울로부터 떨어져 있는 거리'에 비례하게 된다. 허블이 관측한 우주 팽창의 현상과 정확히 일치하는 것이다. 이것은 현재 우주가 어느 곳에서나 균일하게 팽창하고 있다는 것, 즉 멀어지고 있다는 것을 의미하기도 한다.

위의 예처럼 허블 관측은 프리드만의 팽창 우주설을 증명하는 결정적인 증거가 되었다. 허블 관측이 이루어진 때가 1929년으로, 안타깝게도 프리드만은 이 중요한 관측을 보지 못하고 1925년에 37세의 젊은 나이에 세상을 떠났다. 하늘에서라도 흐뭇한 마음으로 보고 있기를 바란다.

허블이 처음 발견한 우주의 팽창 속도는 약 500(km/s)/Mpc로 최근에 얻어진 값 70(km/s)/Mpc과 비교하면 차이가 꽤 크다. 허블의 시대에는 먼 은하를 관측하지 못해 가까운 은하 자료에만 의존했기 때문에 오차가 컸던 것이다. 이 팽창 속도를 '허블 상수'라고 부르는데, 현재까지도 우주론의 가장 중요한 변수로 여겨지고 있다. 허블 상수의 값을 구하는 것은 허블 우주 망원경을 처음 고안할 때 세웠던 중대한 목표 중 하나였다.

허블 상수의 단위가 조금 이상하게 보일 것이다. km는 우리가 잘 아는 '킬로미터'를, s는 '초'를 뜻한다. Mpc이란 거리 단위인 메가파섹mega parsec의 줄임말인데, 1파섹이 약 3광년에 해당하고, 메가mega는 100만을 의미하므로, 1메가파섹은 약 300만 광년의 거리에 해당한다. 따라서 70(km/s)/Mpc의 허블 상수는, 은하가 300만 광년 멀어질 때마다 우리로부터 멀어지는 속도가 초속 70킬로미터씩 더 빨라진다는 뜻이다.

예를 들어 300만 광년 떨어진 은하는 우주 팽창으로 인해 우리로부터 멀어져 가는 속도가 초속 70킬로미터, 600만 광년 떨어져 있는 은하는 초속 140킬로미터, 3000만 광년 떨어진 은하는 초속 700킬로

빅뱅 우주론의 핵심 인물들 1 알베르트 아인슈타인 2 알렉산드르 프리드만 3 에드윈 허블 4 조지 가모브 5 알베르트 아인슈타인과 에드윈 허블의 만남, 왼쪽이 아인슈타인, 가운데가 허블

미터, 3억 광년 떨어진 은하는 초속 7,000킬로미터로 멀어져 가고 있다. 즉 허블의 법칙적색 이동이 거리에 비례한다는 법칙에 따르면 더 멀리 있는 은하일수록 더 빨리 우리 은하로부터 멀어져 가고 있는 것이다.

우리로부터 3억 광년 떨어진 은하가 초속 7,000킬로미터로 우리로부터 멀어져 간다고 해 보자. 2강에서 본 사진에서처럼34~35쪽 참조 많은 은하들이 기체 구름을 많이 가지고 있는데, 그렇게 빠른 속도로 달리고 있다면 기체 구름이 다 날아가 버리지 않을까? 마치 자동차 지붕에 쌓였던 눈이 자동차가 빠르게 움직이면 흩어져 버리는 것처럼 말이다. 그러나 이것은 오해다. 사실 은하는 그냥 자기 위치에 서 있는 것이나 다름없다. 긴 눈썹 휘날리며 구름을 타고 날아다니는 무협지의 도사처럼 은하가 단독으로 날아가고 있는 게 아니다. 단지 은하를 담고 있는 공간더 정확히는 시공간이 팽창하고 있는 것이다. 예를 들어 풍선 위에 붙어 있는 두 마리의 개미를 생각해 보자. 풍선이 점점 부풀면 개미들은 움직이지 않아도 서로 멀어진다. 허블은 은하들의 이동 속도를 측정해 우주 공간이 팽창한다는 것을 간접적으로 관측했다. 개개 은하의 움직임이 아닌 우주 공간 자체의 팽창이라는 더 근본적이고 더 심오한 의미를 발견한 것이다.

이러한 발견을 정상 우주론을 믿었던 아인슈타인은 어떻게 받아들였을까? 허블의 관측을 믿었을까? 이미 죽고 없는 프리드만의 우주론 모형에 쉽게 승복하고 말 것인가? 아인슈타인이 나 같은 평범한 과학자였다면 어림도 없는 일이었을 것이다. 그러나 역시 대가는 마음도 넓다. 1931년에 아인슈타인은 직접 윌슨 산 천문대를 방문하고 팽창 우주설을 진지하게 받아들였다. 훗날 아인슈타인은 프리드만의 제자 조지 가모브George Gamow에게 정적인 우주를 만들기 위해 억지로 욱여넣었던 우주 상수는 그의 인생에 있어 최대의 실수였다고 고백했다. 정말 대단한 사람이지 않은가? 역사상 가장 훌륭한 과학자로 추앙받는 이가 젊은 천문학자의 관측에 고개를 숙이고 자신의 부족함을 공적으로 시인하다니.

그렇지만 팽창 우주설은 1960년대에 이르러 우주 배경 복사가 발견되기 전까지 큰 호응을 얻지 못했다. 1949년경 당대 최고의 천문학자인 케임브리지 대학교 교수 프레드 호일Fred Hoyle은 팽창 우주설에 대해 "와장창설"이라고 영국의 한 라디오 방송에서 비아냥거리며 웃어넘겼는데, 영어 표현으로는 "big bang idea"였던 것이다. 이후 많은 학자가 팽창 우주설을 비하할 때마다 빅뱅 우주론이라고 불렀다. 그러나 우스꽝스럽게도 이것이 역사상 가장 멋진 과학 용어가 되어 버렸다. 훗날 이 침울한 배경을 가진 용어를 바꾸고자 빅뱅을 대신할 용어를 공모했는데, 아이러니컬하게도 더 좋은 아이디어가 나오지 않았다고 한다. 이렇게 멋진 개념이 이런 웃지 못할 배경을 가졌다니!

허블의 우주 팽창, 즉 은하 간 거리가 멀어지는 현상을 발견한 것이 최근 재조명을 받고 있다. 사실인즉, 허블이 1929년에 이 결과를 논문으로 발표하기 2년 전에 이미 벨기에의 가톨릭 신부이자 천문학자 조르주 르메트르Georges Lemaître가 같은 결과를 벨기에 학술지에 프랑스어로 발표하였다. 르메트르는 아인슈타인의 일반 상대성 이론으로부터 허블 팽창 법칙을 유도하고 허블과 같은 관측 자료를 사용하여 우주 팽창의 증거를 발견했다. 르메트르는 우주가 무한히 작은 점, 즉 '원시 원자primeval atom'에서 출발했다고 주장하여 현대적 빅뱅 이론의 시조라고 여겨지기도 한다. 하지만 1927년 그의 논문은 많은 사람들에게 알려지지 않다가 1931년에 영국 왕립 천문 학회지에 번역본이 실려, 영어권에서는 허블의 논문보다 2년이 늦은 것처럼 보였지만, 사실은 더 앞선 것이다. 이런 사실이 알려진 최근, 나를 비롯한 일부 천문학자들은 허블 팽창을 르메트르-허블 팽창, 허블 상수를 르메트르-허블 상수 등으로 고쳐 부르고 있다.

● 예일 대학교

내가 박사 학위를 받은 곳이다. 나는 초등학교 때 우연히 신문에서 「세계의 대학, 예일 대학교 편」 기사를 읽은 후 쭉 예일 대학교에서 박사 학위를 받기로 마음먹었다. 그리고 그 꿈을 이루었다.

미국 코네티컷 주 뉴헤이븐 시에 있는 예일 대학교의 천문학과는 비교적 규모가 작아서 단지 열다섯 명 정도의 교수가 있는데, 교수진은 그야말로 드림팀이었다. 현대 항성 진화 이론의 대가이며 등연령 곡선이라는 개념을 창시한 피에르 드마크 Pierre Demarque, 은하 진화 이론의 시조 리처드 라슨Richard Larson, 부처-옴러 효과를 발견한 오거스터스 옴러Augustus Oemler, 우리 은하의 형성에 대한 이해에 지대한 공을 세운 로버트 진Robert Zinn 등, 이들이 누구인지 아는 사람에게는 정말 흥분할 만한 곳이다. 그런데 나를 가장 감동시키고 지금의 나로 만들어 준 것은 교수

진의 뛰어난 실력보다는 연구에 대한 겸손하고 진실된 모습이었다.

지금도 기억난다. 내가 만난 사람 중 가장 명석했던 리처드 라슨 교수를 미행한 적이 있다. 그의 집은 학과 건물에서 500미터도 안 되는 거리에 있었는데, 5분 거리도 안 되는 길을 20분씩 걸으며 때로는 멈추어 나뭇가지를 오래 들여다보던 그 모습은 잊을 수가 없다. 혹시 뉴헤이븐 시에 가 볼 기회가 있어 거리를 걷다가 "앗! 누군지는 모르겠으나 나와는 다르다." 하는 생각이 드는 뿔테 안경 쓴 사람을 만나면 그가 바로 라슨 교수일 것이다. 라슨은 1년에 논문을 한 편도 채 쓰지 않지만 거의 모든 논문이 세계 학계의 지축을 뒤흔드는 것으로 유명하다. 그런데 이런 분이 평생 연구비 한 번 받아 본 적이 없다면 믿겠는가. 이분도 젊은 시절 두 번 정도 연구비 신청을 해 보았단다. 그런데 두 개 다 실패로 돌아갔다고 한다. 이유인즉, "이 연구는 가치 있으므로 꼭 하고 싶음. 하지만 될지 안 될지는 해 봐야 함."이라는 투로 썼기 때문이란다. 눈에 보이는 성공을 위해 과장을 서슴지 않는 사람들도 있는 반면, 이분은 겸손하고 진실하게 연구하고자 한 것이다.

두 번의 실패 이후, 연구비 신청은 시간 낭비라고 여기고 평생 연구비 없이 연구하고 있다. 한번은 내가 물었다. "그럼 학회 여행은 어떻게 하고 학생 인건비는 어떻게 주나요?" 그랬더니 이렇게 대답하셨다. "학회는 초대받을 때만 가고, 월급 받는 것으로도 충분히 여행 다닐 수 있고, 인건비는 관심이 겹치는 다른 교수들한테 부탁하지 뭐." 하하, 참 마음 편한 분이시다. 나는 연구비를 신청할 때마다 그분을 생각하며 정직한 연구를 하고자 다시 마음을 다잡는다.

lecture
4

빛은 137억 년의 세월을 뚫고

치직치직, 텔레비전 정규 방송이 끝나면 아무것도 없는 화면에 잡음이 흘러나온다. 이 잡음의 원인은 무엇일까? 가끔 전화 통화 중에도 잡음이 들리고는 한다. 이 잡음은 어디서 온 걸까? 137억 년 전 과거에서 온 것이라고 하면 여러분은 믿을 수 있겠는가?

미국 뉴저지 주에 있는 벨 연구소에서 신호와 잡음을 연구하던 전파 천문학자 아노 펜지어스Arno Penzias와 그의 동료 로버트 윌슨Robert Wilson은 온갖 잡음의 원인을 제거해 당시의 통신 기술을 개선하려는 연구를 하고 있었다. 이렇게 잡음을 제거하는 기술을 개발하면 통신뿐만 아니라 천문 관측에도 매우 유용했기 때문이다. 잡음의 원인은 매우 많다. 전자 회로의 문제점, 전기선의 불순물, 안테나의 노후화, 게다가 안테나에 쌓이는 비둘기 똥까지. 그런데 아무리 노력을 해도 원인을 알 수 없는 잡음이 있었다. 처음에는 이것이 잘 알려지지 않은 천체에서 온다고 생각했으나, 잡음이 어느 특정한 방향에서만 오는 것이 아니고 하늘 전체에서, 모든 방향에서 동일하게 온다는 것을 발견했다.여기서 잠깐, 방향에 상관없이 동일한 성질을 '등방성'이라고 한다.

이것은 1960년대 초반의 일이었다. 펜지어스와 윌슨은 곧 같은 주 안에 이웃해 있는 프린스턴 대학교에서 이상한 연구를 하는 이들이 있다는 소문을 듣게 되었다. 천문학자인 로버트 디케Robert Dicke와 제임스 피블스James Peebles가 우주 전역으로부터 오는 이상한 신호를 찾기 위해 조그마한 안테나를 세우고 있다는 것이었다. 펜지어스와 윌슨은 그들과 전화 통화를 한 후 그들이 찾고 있는 그 신호를 이미 자신들이 찾았음을 직감했다. 그들이 찾은 신호는 과연 무엇인가?

우주가 정말 팽창하고 있는 중이라면 과거의 우주는 어제, 오늘보다 상대적으로 작았을 것이다. 팽창 과정 중 우주가 특별히 열을 잃거나 얻지 않는다면그런 팽창을 열역학에서 단열 팽창이라고 한다. 우주의 온도는 팽창할수록 낮아진다. 그렇다면 우주 초기에는 온도가 아주 높았을 것이다. 따라서 빅뱅을 '뜨거운 빅뱅'이라고 부르기도 한다.

1940년대 말, 빅뱅을 믿는 소수의 천문학자들 중에는 프리드만의 제자였던 조지 가모브가 있었다. 가모브는 지도 교수의 뜻을 받들어 홀로 이 빅뱅 우주론을 발전시켜 나갔다. 그의 사고 실험에 따르면, 초기 우주는 작아서 상대적으로 밀도가 매우 높을 뿐만 아니라 온도도 매우 높아서 입자들이 모두 빠르게 움직여 매우 혼란스러운 곳이었다. 특히 온도가 수백만 도씩 되던 초기에는 우리가 알고 있는 모든 원자가 이온화되어 원자핵과 전자 들이 분리되어 있었기 때문에 단위 부피당 입자의 수가 더욱더 많았다. 어찌하다 운이 좋아 전자와 결합을 하는 원자핵이 있다 하더라도 금방 고에너지 광자들과 부딪혀 전자를 다시 잃게 마련이었다.

이런 난세亂世 우주에서는 심지어 빛조차도 자유로이 다니지 못하고 다른 입자들과 무수히 충돌하며 지냈을 것이다. 만일 이런 상태의 우주를 멀리서 보았다면 어떤 생각이 들까? "흥. 안쪽이 전혀 안 보이는군. 그냥 호박죽 표면을 보고 있는 것 같아." 그러지 않았을까.

우리가 무엇을 본다는 것은 실제로 사물이나 사건을 있는 그대로 순식간에 인지하는 것이 아니다. 광자들이 사물에 부딪혀 반사된 것을 우리 눈의 시신경이 빛 신호를 전기 신호로 바꾸고 뇌가 해석해 준 결과물이다. 그러므로 광자조차 자유롭게 돌아다니지 못했던 초기 우주는 호박죽처럼 불투명했을 것이다. 그런데 우주가 계속 팽창하면서 어느 순간부터는 우주의 단위 부피당 입자의 수가 줄고, 온도가 낮아지면서 입자도 천천히 움직이게 되어 지금과 같이 빛이 자유롭게 다니는 투명한 우주가 탄생한 것이다.

가모브는 우주가 이렇게 투명해지는 것이 순간적으로 벌어졌다고 생각했다. 그것은 우주의 팽창 과정 중 온도가 특정한 온도수천 도로 낮아지면, 우주의 자유 원자핵들이 모두 동시에 자유 전자와 결합해서 갑자기 단위 부피당 전하를 띤 입자 수가 극심하게 줄기 때문이다.빛은 주로 자유 전자나 이온같이 전하를 띤 입자에 의해 크게 산란된다. 이 결합을 천문학 용어로 '재결합recombination'이라고 부른다. 그러나 이것은 잘못 만든 용어이다. 빅뱅 우주론에 따르면, 우주가 투명해지기 전 뜨거운 우주에서 원자핵과 전자가 한 번도 결합되어 있었던 적이 없으므로 '재결합'이라고 할 수 없기 때문이다. 옳은 표현을 찾자면 '최초의 결합'인데, 학계에서는 지금도 그냥 '재결합'이라고 한다.

원자핵과 전자가 결합해 우주가 투명해지기 시작했다는 것은 우주의 온도가 내려가 원자·전자 결합의 방해꾼이었던 고온의 광자들이 힘을 잃었다는 뜻이다. 바로 이 순간, 처음으로 빛과 물질이 분리된다. '대분리decoupling'라고 불리는 이 순간부터 수많은 빛 입자들이 자유로운 항해를 하기 시작한다. 가모브는 그의 제자인 랠프 앨퍼Ralph Alpher와 함께 쓴 논문에서, 당시 우주의 온도수천 도에 해당하는 광자들을 우주가 무지막지하게 팽창한 오늘날의 시점에 관찰한다면, 그 빛은 우주 팽창을 거슬러 여행했을 것이므로 도플러 적색 이동을 겪고 에너지를 잃어 절대 온도 5도 정도의 미미한 에너지를 가진 광자처럼 보일 것이라고 예측했다. 참고로 절대 온도 0도는 약 섭씨 -273도이므로, 절대 온도 5도라고 하면 약 섭씨 -268도에 해당된다.

이러한 이론이 옳다면 이 광자는 관측자의 입장에서 볼 때 우주 전 방향에서 동시에 출발해서 날아온 것처럼 보여야 한다. 관측자의 입장에서 보면, 그 광자가 공과 같은 면에서 함께 출발했다고 생각할 수 있는데 그 면을 '최후의 산란면surface of last scattering'이라고 부른다. 그리고 이렇게 오랜 세월을 날아와 우리에게 발견될 것이라고 예측된 빛을 '우주 배경 복사cosmic microwave background radiation, CMBR'라고 한다. 디케와 피블스가 찾으려 했던 빛, 펜지어스와 윌슨이 발견한 등방적인 잡음이 바로 이 우주 배경 복사인 것이다.

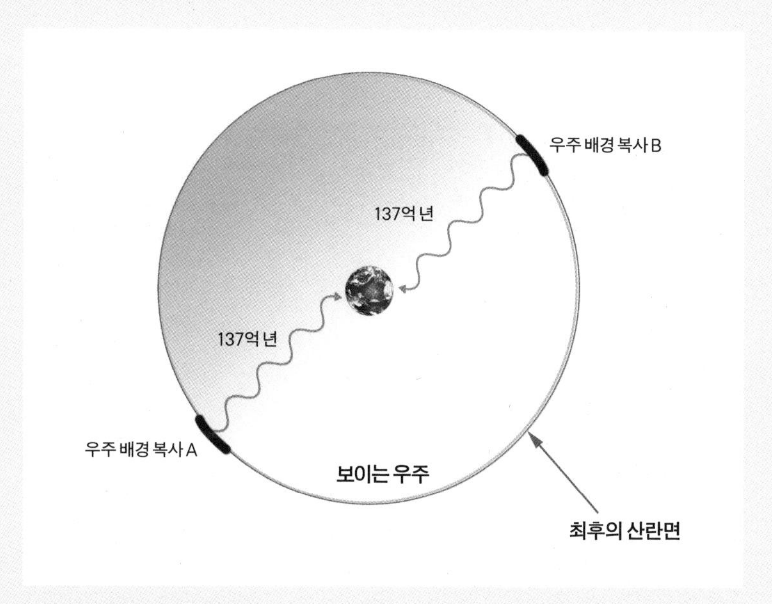

우주 배경 복사와 최후의 산란면

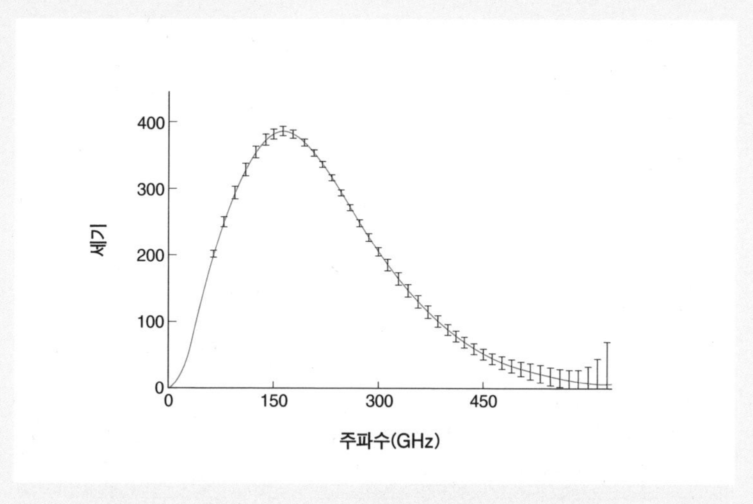

코비 우주 망원경으로 관측한 우주 배경 복사 스펙트럼. 이론적인 흑체 복사와 완벽하게 일치한다. 수직 막대로 표시된 관측 오차를 보기 쉽도록 인위적으로 400배 확대했다.

전 하늘의 우주 배경 복사를 나타낸 우주 배경 복사 천도(天圖)

1964년 펜지어스와 윌슨의 관측은 세계를 놀라게 했고, 세계는 드디어 빅뱅 우주론에 귀를 기울이기 시작했다. 이 발견으로 그들은 1978년에 노벨 물리학상을 수상했다. 하지만 안타깝게도 우주 배경 복사를 이론적으로 예견한 가모브는 1968년에 세상을 떠나 함께 수상하지 못했다.

펜지어스와 윌슨이 관측한 우주 배경 복사는 약 절대 온도 3도에 해당하는 에너지를 가지고 있었다. 이는 가모브의 예측과 놀랍도록 가까운 값이다. 그런데 이 우주 배경 복사의 온도를 지구 위에서 정밀하게 관측하는 것은 매우 힘든 일이다. 그래서 미국 항공 우주국NASA은 1989년에 코비COBE 인공 위성을 띄워 온도가 낮은 우주 공간에서 더욱 정밀한 우주 배경 복사 관측을 시도했다. 측정된 우주 배경 복사의 온도는 이전의 관측값과 비교적 일치하는 절대 온도 2.725도이었다. 그리고 놀랍게도 파장에 따른 에너지 분포, 즉 우주 배경 복사 스펙트럼이 정밀한 흑체 복사 곡선을 나타냈다. 이전의 관측 데이터에서는 볼 수 없는 것이었다.

흑체란 모든 파장의 전자기파를 모두 흡수하는 물체를 가리킨다. 흑체는 흡수한 전자기파의 에너지를 방출하는데 이 에너지를 방출하는 방식이 흑체의 온도에 따라 일정한 패턴을 이룬다. 19세기 말과 20세기 초중반에 활약한 막스 플랑크Max Planck가 이 패턴이 어떤 모양인지를 이론적으로 알아냈다. 코비의 관측 데이터는 우주 배경 복사의 에너지-파장 곡선이 이론적으로 예측한 플랑크 흑체 복사 곡선과 일치한다는 것을 보여 주었다.67쪽 아래 그림 참조 이 그래프는 곧 유명해졌다.

열역학 이론과 자연에서 관측된 결과가 이렇게 정밀하게 일치하는 일은 극히 드물기 때문이다.

코비는 또 다른 정보를 알려 주었다. 우주 배경 복사 온도가 하늘의 위치에 따라 10만분의 1 정도로 다르다는 것이다. 쉽게 말해, 하늘의 어떤 부분은 2.72499도라면 다른 한 부분은 2.72501도 정도로 매우 미세하지만 관측 오차가 아닌 실제의 온도 변이가 있다는 것이다. 이후 20여 년에 걸친 연구를 통해 바로 그 10만분의 1의 온도 변이가 137억 년의 시간을 거치면서 지금 우리가 보고 있는 우주의 거대 구조를 만들었음을 알게 되었다. 우리가 알고 있는 대부분의 천체, 그러니까 은하와 별 들은 이러한 거대 구조의 틀 안에서 자라난 것이다. 절대 온도 2.725도의 균일한 우주 배경 복사를 발견한 것이 빅뱅 우주론의 증명이었다면, 10만분의 1의 변이를 발견한 것은 우주 거대 구조 씨앗의 발견이었던 셈이다. 조금 더 자세한 설명은 14강에서 다시 하겠다.

결국 코비의 우주 배경 복사 연구는 2006년에 노벨상의 영광을 한 번 더 안겨 주었다. 미국 항공 우주국의 존 매더John Mather 박사는 2.725도의 정밀한 우주 배경 복사를 측정한 공로로, 그리고 함께 코비를 설계한 캘리포니아 주립 대학교 버클리 캠퍼스의 조지 스무트George Smoot 교수는 10만분의 1 변이를 발견한 공로로 노벨상을 받았다.

나는 매더 박사와 스무트 교수 두 분 모두를 만난 적이 있다. 매더 박사는 내가 미국 항공 우주국에서 박사 후 연구원으로 지내던 시절 내가 근무하던 연구실 바로 위층에 있는 연구실에서 연구를 하고 있었다. 같은 연구 그룹은 아니었지만 그의 연구실이 비었을 때마다 우리 같은 젊은 연구원들이 사용할 수 있도록 해 주었다. 늘 자신의 것을 아낌없이 나누는 훌륭한 분이었다. 한국에서는 상상하기 힘든 일이다. 늘 조용하고 있는 듯 없는 듯하던 매더 박사가 노벨상 수상자가 될 줄 알았더라면 사인이나 하나 받아 놓을 걸 그랬다.

스무트 교수는 2007년에 연세 대학교에 초빙되어 온 적이 있다. 그나마 우주 배경 복사를 조금 이해한다고 나더러 세미나 좌장을 맡으라고 해서 두어 시간 도와준 적이 있다. 빵빵 도는 안경을 끼고 학구적인 모습으로 강의를 하는데 내공이 정말 대단했다. 그 강의를 들은 학생들이 스무트 교수처럼 훌륭한 학자가 될 꿈에 부풀었음은 두말할 나위도 없다.

우주 배경 복사를 정밀하게 관측하고자 하는 인류의 열망은 코비 탐사 이후에도 식지 않았다. 10여 년이 지난 2001년에 윌킨슨 우주 배경 복사 비등방성 탐사 위성Wilkinson Microwave Anisotropy Probe, WMAP을 쏘았다. 이 위성의 이름은 이 분야에 큰 공을 세운 데이비드 윌킨슨 David Wilkinson 교수의 이름을 딴 것이다.

코비 위성은 지구 근처에서 위성 궤도를 돌았으므로 지상보다는 관측 상황이 훨씬 좋았지만, 여전히 태양, 지구, 달이 뿜어내는 적외선과 전파의 방해로부터 자유롭지 못했다. 그래서 인류는 WMAP을 지구에서 멀리 떨어지면서도 역학적으로 안정된 위치인 태양-지구 중력계의 라그랑주 2Lagrange 2, L 2 지점으로 보냈다. 그러니까 태양과 지구를 연결하는 선 위에서 지구로부터 150만 킬로미터 떨어진 이 지점은, 태양과 지구의 인력과 태양을 공전하는 WMAP의 원심력이 균형을 이루어 역학적으로 안정적인 우주 공간이다.

어떻게 인공 위성을 이렇게 동떨어진 곳에 보낼 수 있을까? 실로 인류 문명의 승리라 할 수 있다. 인공 위성을 쏘아 올릴 때 이 인공 위성을 한 번에 라그랑주 2 지점까지 보내기에 충분한 연료를 로켓에 실을 수 없으므로 달의 중력을 이용한 플라이바이flyby 항법을 이용할 수밖에 없다. 플라이바이란 위성을 달의 근처로 보내되 너무 가깝지도 너무 멀지도 않게 정밀하게 보내 달이 끌어당기는 힘을 이용해 먼 지점까지 던지는 기술이다. 한마디로 달의 중력에 무임 승차하는 기술이다. 이 모든 과정은 놀라운 정밀도로 계획해야 한다. 자칫하면 달과 충돌하거나 망막한 우주 공간으로 날아가 버릴 수도 있기 때문이다. 일단 우주에 쏘아 올려도 6개월이 지나야 라그랑주 2 지점에 도착해 관측을 시작할 수 있으니 얼마나 정밀하게 인공 위성을 발사해야 하는지 짐작할 수 있을 것이다. WMAP 자체가 부족한 인간 수천 명의 지혜를 모아 이루어 낸 쾌거라고 할 수 있다. 우주 공학과 천문학의 완벽한 만남이다. 지금은 미국 항공 우주국만의 전유물처럼 여겨지는 이러한 일들이 이제 곧 한국에서도 이루어지리라 믿는다.

WMAP은 코비가 이룩한 두 가지 업적우주 배경 복사의 온도와 불균일도를 측정한 것을 더욱 확실히 검증해 우리가 궁금해하던 빅뱅 우주론의 변수들을 알아낼 수 있도록 도왔다. WMAP이 전파로 본 하늘은 아주 작은 불균일성의 깨알들로 이루어져 있는데68쪽 아래 그림, 이 불균일도를 자세히 분석하면 우주의 과거, 현재, 그리고 미래를 알 수 있다12강 참조. 완벽하게 과학적인 테두리 안에서 우주의 진화를 예측할 수 있다. 실로 유사 이래 최초로 인류는 우주의 큰 그림을 제대로 그리는 길에 들어선 것이다.

나는 개인적으로 지금 인류가 갈릴레오, 뉴턴, 아인슈타인의 시대 이상의 지식 혁명 시대를 살고 있다고 생각한다. 우주의 기원과 운명이 밝혀지고 있기 때문이다. 우주의 기원과 운명, 이것이야말로 인류 지식의 궁극적 목표가 아닐까? 더 자세한 내용은 뒤에서 다시 설명하겠다.

구형 아날로그 텔레비전을 가지고 있다면, 오늘 밤에는 정규 방송이 끝날 때까지 텔레비전을 보고 치직치직 하는 잡음을 통해 137억 년의 세월을 뚫고 날아온 우주 배경 복사의 흔적을 직접 체험해 보자. 혹은 라디오의 주파수를 살짝 바꿔 보아도 좋다. 독자의 텔레비전 수신기 잡음의 1퍼센트 정도는 우주 배경 복사의 광자가 만든 것이다. 어머니가 뭐라 하시면 빅뱅의 증거를 수집 중이었다고 말해 보자. 하지만 알밤을 맞는다고 해도 내가 책임질 수는 없다.

● 프린스턴 대학교와 고등 과학원

프린스턴 대학교는 미국 이론 천체 물리학의 자존심이다. 일찍이 미국 천문학의 시조로 불리는 헨리 노리스 러셀Henry Norris Russell부터, 항성 구조 이론의 원조 마르틴 슈바르츠실트Martin Schwarzschild, 허블 우주 망원경의 주창자 라이먼 스피처Lyman Spitzer가 몸담았던 곳이고, 지금도 우주론 분야의 데이비드 스퍼걸David Spergel, 유체 역학 분야의 제임스 스톤James Stone 같은 연구원들이 활약하고 있다. 같은 동네에 프린스턴 대학교와는 별개로, 아인슈타인 길Einstein drive에 고등 과학원Institute for Advanced Study, IAS이 있는데, 우리나라 고등 과학원의 모델이기도 하다. 이곳에는 은하 역학의 대가 스콧 트리메인Scott Tremaine이 있다.

한번은 매우 재미있는 경험을 했다. 고등 과학원을 방문해 후쿠지타 마사타카福來正孝 박사와 한참 토론하고 있는데, 갑자기 복도에서 "으악!" 하는 괴성이 들리는 것이 아닌가. 깜짝 놀라며 무슨 일이냐 물었더니 후쿠지타 박사는 웃는 낯으로 "존 버콜John Bahcall 교수가 LUNCH라고 외치는 소리지." 하는 것이었다. 버콜 교수는 중성미자neutrino 천문학의 대가였다. 그 괴성이 신호인지 각 연구실마다 한두 사람 일어나더니 모두 식당으로 모였다.

고등 과학원 점심 식사에는 독특한 문화가 있다. 새로운 방문자가 오면 교수들이 돌아가면서 무슨 연구를 하는지 묻는다. 그런데 그 대답이 흥미롭지 않거나 시원찮으면 금방 무시하고 다른 사람에게 질문을 던진다. 세계 최고 과학자들의 즉석 테스트인 셈이다. 같은 수준으로 이야기할 만한지 아닌지 떠보는 자리. 나의 시험관은 나이 지긋한 교수였다. 나는 박사 학위 연구에 대해 한참 설명을 드렸다. 그분이 내 말을 다 듣고 나서 질문 몇 개를 한 뒤 "말 되는군!Sounds plausible!"

하는 것이었다. 살짝 빈정이 상했다. 얼마나 대단한 석학인지 모르지만 남의 연구를 그런 한마디로 평하다니. 질문의 내용으로 보아 천문학자 같지는 않았다. 하지만 질문 하나하나에 내공이 철철 넘쳤다. 식사 후 그분이 양자장 이론으로 유명한 물리학자 프리먼 다이슨Freeman Dyson이란 것을 알고 머리부터 발끝까지 부르르 떨었다.

프린스턴 대학교에서도 기억에 남는 일이 있었다. 옥스퍼드 대학교와 프린스턴 대학교가 매년 함께하는 우주론 워크숍 중이었다. 발표 차례가 한 시간 앞으로 다가왔는데 갑자기 장난기가 발동해 동행했던 박사 과정 학생 케빈 샤윈스키Kevin Schawinski에게 "내 발표를 자네가 대신 해 볼 텐가?"라고 물었더니 "뭐라고요?" 하며 놀란 모습으로 쳐다보았다. "싫은가?"라고 반문했더니 "아니 싫은 것

보다도 한 시간밖에 안 남았는데…….” 하며 머뭇거리기에 “그냥 해 봐. 내 연구에 대해 얼마나 완벽하게 이해하고 있는지 알고 싶네.”라며 부추겼다. 결국 워크숍 진행자에게 양해를 구한 후, 케빈이 내 발표를 대신 했는데, 깜짝 놀랄 만큼 훌륭한 발표를 했다. 케빈은 그날을 기억할 때마다 진땀이 난다고 한다. 하하, 내가 좀 짓궂었나? 될성부른 나무는 떡잎부터 알아본다던가. 케빈은 박사 과정 중《네이처》에 한 편,《사이언스Science》에 한 편의 논문을 발표하는 등 탁월한 연구를 수행했다. 내게 이메일로 하버드 대학교가 수여하는 아인슈타인 특별 연구원 자리를 제안받았다고 연락을 해 와서 함께 기쁨을 누리기도 했다.

lecture 5

우주의 나이가 38만 년이 되기까지

빅뱅에 기반을 둔 팽창 우주론에 따르면 과거로 갈수록 우주의 크기는 작아지고 온도는 높아진다. 우주의 크기와 온도는 거의 정확하게 반비례한다. 이때 '크기'는 3차원적인 부피가 아니고 1차원적인 거리의 개념이다. 지금 우주의 크기를 1로 놓고 현재 우주 배경 복사의 온도가 절대 온도 3도로 관측되고 있다면, 우주가 지금의 10분의 1 크기일 때는 30도, 100분의 1이었을 때는 300도, 그리고 1,000분의 1이었을 때는 3,000도였다는 것이다. 우주의 온도 이야기를 한 것은 이 온도로 표현되는 에너지 상태에서 우주가 각각 다른 진화 단계를 밟기 때문이다.

앞 장에서 설명한 바와 같이, 우주의 온도가 3,000도 정도로 올라간 그때가 원자핵과 전자의 재결합 시기이자 빛과 물질의 대분리 시점이었으며 빛과 물질이 더 이상 큰 상호 작용을 하지 않게 된 최후의 산란 시점이었다. 당시 우주의 크기는 지금의 1,000분의 1이었고, 우주의 나이는 약 38만 년 정도였다. 빅뱅 순간부터 이때까지를 편의상 '초기 우주early universe'라고 부른다.

그럼 빅뱅 이전에는 뭐였냐고? 비슷한 질문을 이미 기원전부터 수많은 사람이 해 왔다. 기원후 4세기경 쓰인 히포의 주교였던 아우렐리우스 아우구스티누스Aurelius Augustinus, 성 어거스틴이라고도 한다.의 『고백록』 11권에는, 당시 사람들이 "우주 시작 이전에는 하느님이 무엇을 하셨는가?"라는 질문을 하고는 했다고 적혀 있다. 아우구스티누스는 "어떤 사람들은 이 질문에 대해, '그때는 하느님이 너같이 골치 아픈 질문을 하는 사람들을 위해 지옥을 만들고 계셨다.'라고 대답하지만 나는 그렇게 억지를 쓰지는 않겠다. 세상이 만들어지기 '이전'이라는 개념은 없다. 왜냐하면 시간 그 자체도 우주 탄생의 산물 중 하나일 테니까."라고 대답했다. 얼마나 그럴싸한 질문에 얼마나 멋진 대답인가.

현대 우주론 연구자들이 빅뱅 우주론 패러다임 내에서 갖는 시간에 대한 이해가 이것과 다르지 않다. 빅뱅은 시공간의 탄생이다. 하지만 빅뱅의 순간을 정의할 수는 없다. 왜냐하면 그 순간에는 시간과 공간이 없었을 뿐만 아니라 양자 역학적으로 볼 때 물리학이 정의할 수 있는 시간의 한계 밖에 있기 때문이다. 이 한계 상황을 가리켜 '플랑크 시간Planck time'이라고 한다.

일부 과학자들은 빅뱅이 왜 시작되었는가에 대해 과학적으로 연구하고 있다. 그야말로 우리 우주의 시간이 시작하기 전에 대한 연구라고 볼 수 있다. '막 세계 이론'이라고도 불리는 브레인 월드brane world

이론이 그중 하나의 예인데, 이는 우리 우주를 넘어선 초우주의 세계가 있다는 가정에서 출발한다. 하지만 이러한 시간과 공간의 범위는 관측을 중시하는 천문학적 우주론의 범위를 넘어서는 것이다. 따라서 이 책에서는 빅뱅 이후의 시간에 대해서만 설명하고자 한다.

플랑크 시간은 빅뱅 이후 10^{-43}초 정도가 지난 시점이다. 10^{-43}초란, 1억 곱하기 1억 곱하기 1억 곱하기 1억 곱하기 1억 곱하기 1,000이라는 어마어마한 숫자로 1을 나눈, 상상 초월의 작은 숫자이다. 이 숫자에는 양자 역학의 시조인 막스 플랑크의 이름이 붙어 있다.

플랑크는 흑체 복사를 기술하는 과정에서 플랑크 상수를 고안했다. 플랑크는 이 상수를 자신의 흑체 복사 이론을 완성시키기 위해 고안했다. 그러나 그는 자신이 고안한 이 상수가 이후 물리학에서 가장 중요한 상수가 되리라고는 상상하지 못했다. 그의 후배인 베르너 하이젠베르크Werner Heisenberg는 이 상수를 양자 역학의 기초 중의 기초인 불확정성 원리를 기술하는 데 사용했다. 불확정성의 원리에 따르면 우리는 사건이 일어난 운동량과 위치 두 가지 모두를 무한정 정밀하게 알 수는 없다. 즉 결정하고자 하는 운동량의 불확실도와 위치의 불확실도의 곱이 늘 플랑크 상수$\hbar$보다 커야 한다. 단위를 조금 바꾸면, 에너지와 시간 불확실도 사이의 관계도 알 수 있다.자세한 설명은 생략한다. 결정되는 에너지의 불확실도ΔE와 사건이 벌어진 시간의 불확실도Δt의 곱이 플랑크 상수보다 크다고 할 수도 있다. 플랑크 상수의 값은 6.626×10^{-34}줄·초J·S이다.

이 개념을 팽창하는 우주에 적용하면, 우주가 플랑크 시간보다 어렸을 때에는 시간을 물리학적으로 의미 있게 다룰 수 없다는 결론이 나온다. 양자 역학의 기초인 불확정성 원리에 위배되기 때문이다. 즉 플랑크 시간 이전의 우주는 물리 현상으로서 기술하는 것이 불가능하다. 오늘날 우주를 기술하는 네 가지 힘인 중력, 전자기력, 약력, 강력도 플랑크 시간 이전에는 존재하지 않았을 것이라고 생각된다. 우주의 에너지도 빛이나 입자라는 구체적인 형태를 가지지 않고 우리가 정의할 수 없는 에너지 형태를 가졌을 것이다. 플랑크 시간은 한마디로 인간이 가지는 지식의 한계인 셈이다.

플랑크 시간 이후에도 네 개의 힘이 지금처럼 독립적으로 존재하지는 않았을 것이라고 생각된다. 중력은 따로 존재했다고 보기도 하지만 나머지 세 가지 힘은 대통일력으로 통합되어 존재했을 것이라고 주장하는 대통일 이론Grand Unification Theory, GUT이 학계의 주류이다. 따라서 우주의 나이가 10^{-43}초플랑크 시간부터 10^{-34}초 정도 될 때까지를 '대통일 이론 시대GUT era'라고 부른다. 이때 우주의 온도는 최소 약 10^{27}도, 그러니까 1억 곱하기 1억 곱하기 1억 곱하기 1,000도였다. 우주의 크기지름는 지금의 10^{27}분의 1 정도로 작았다. 이 시기에도 우리가 알고 있는 보통의 에너지 형태가 존재하지 않았을 것으로 예상된다. 광자가 따로 존재하지 않았고, 따라서 전자기력은 대통일력 안에 묶여 있었다. 보통의 물질 입자도 따로 존재할 수가 없었다. 온도가 너무 높아서 원자핵까지도 녹아 버려 빛과 입자의 원료가 한 덩이가 되어 알 수 없는 에너지의 형태를 취했을 것이다.

우주의 나이가 10^{-35}초에서 10^{-32}초 정도 되었을 때 우주는 급격한 팽창을 한 것 같다. 이른바 '급팽창inflation' 시기라고 불리는 이 시기는 아마도 우주의 에너지가 상태를 바꾸는 과정 중에 대통일력에서 강력이 분리되며 시작되지 않았나 추정된다. 급팽창 이론은 10강에서 다시 자세히 다룰 예정이다.

급팽창 이후 우주는 드디어 입자를 구성할 수 있을 정도로 온도가 낮아진다. 시간이 흘러 우주의 나이가 10^{-32}초와 10^{-4}초 정도 사이였을 때를 '강입자의 시대hadron era'라고 부르는데, 이 시대에 물질의 기본 입자인 쿼크로 구성되는 최초의 원자핵을 포함한 강입자가 만들어졌기 때문이다.

이러한 입자들은 아마도 빛으로부터 만들어졌을 것이다. 고에너지 빛은 순간적으로 입자와 반입자를 만들며 사라지고, 만들어진 입자와 반입자는 다시 만나 빛으로 환원된다. 앞의 경우를 '쌍생성', 뒤의 경우를 '쌍소멸'이라고 한다. 이유가 정확히 밝혀지지는 않았지만, 우주의 빛이 반입자보다 약간 많은 수의 입자를 만든 것 같다. 그렇지 않았다면 우주는 쌍생성과 쌍소멸을 계속 반복하며 빛으로만 이루어진 우주가 되었을 것이다. 만일 어느 한 지역에 101개의 입자가 있고 100개의 반입자가 있었다면, 100개의 입자와 반입자는 서로 쌍소멸하지만 1개의 입자는 남아서 물질의 기원이 될 수 있는 것이다. 우습게 들리겠지만, 이때 입자보다 반입자가 조금 더 많았다면 지금의 우주는 반물질 우주가 되었을 것이다.

우주의 대표적인 강입자로는 수소의 원자핵을 만드는 양성자와 그것과 거의 같은 질량이지만 전기를 띠지 않는 중성자가 있는데, 중성

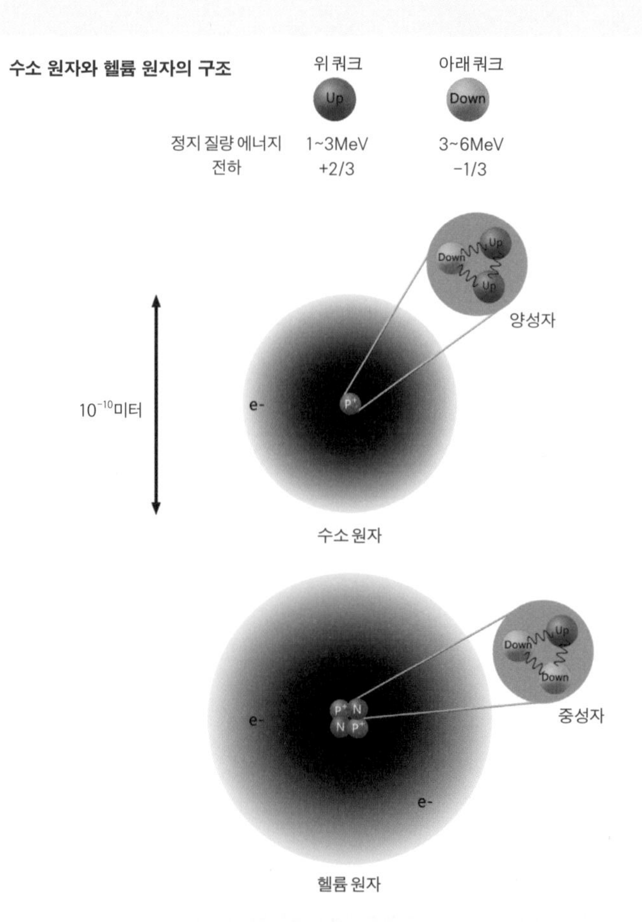

에너지, 질량, 온도는 서로 연관되어 있다.

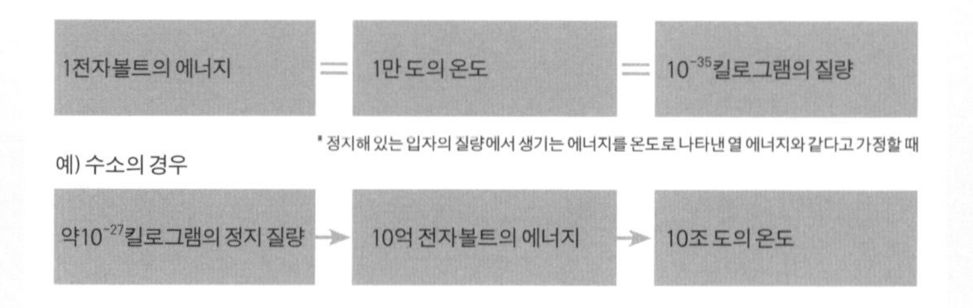

자는 위 쿼크up quark 1개와 아래 쿼크down quark 2개로 이루어지고 양성자는 위 쿼크 2개와 아래 쿼크 1개로 이루어진다. 그런데 아래 쿼크가 위 쿼크보다 질량이 조금 더 크기 때문에 중성자는 양성자보다 0.1퍼센트 정도 질량이 더 크다. 이 질량 차이를 그 유명한 아인슈타인의 $E=mc^2$ 식에 넣어 에너지로 환산하면 약 100만 전자볼트eV가 된다. 1전자볼트는 섭씨 1만 도 정도의 온도에 해당되므로, 100만 전자볼트를 온도로 환산하면 섭씨 100억 도에 해당하는 에너지 차이가 생긴다.84쪽 그림 참조 이것을 잘 기억해 두자. 여하튼 양성자와 중성자, 이 두 입자의 조합으로 우주의 모든 원자핵이 만들어지므로 이 시기를 우주 물질의 탄생기라고 볼 수 있다. 이제 조금 복잡한, 그러나 의미심장한 이야기가 나오므로 정신을 차리자.

아마도 중성자는 고온의 초기 우주에서 양성자와 자유 전자 간의 결합으로 만들어졌을 것이다. 이때 중성자는 양성자보다 질량이 0.1퍼센트 크기 때문에 그만큼의 에너지를 주변에 있는 광자로부터 얻어야 하는데, 고에너지 입자가 가득하던 고온의 초기 우주에서는 전혀 문제 될 일은 아니다. 하지만 중성자는 곧 자연환경에서 그만큼의 에너지를 다시 잃고 자기보다 안정한 양성자로 전환되기도 한다. 크기가 작아 입자 간의 충돌이 빈번하던 고온의 초기 우주에서는 중성자로부터 양성자로 변환되는 과정과 양성자로부터 중성자로 변환되는 과정이 거의 같은 빈도로 일어나 평형을 이루었기 때문에 중성자와 양성자의 수가 같았다. 이러한 열적 평형은 우주에 가득 찬 광자들의 에너지가 중성자와 양성자의 질량 차에 해당하는, 우주의 나이가 약 1초가 될 때까지 지속되었다.

우주의 나이가 1초가 되었을 때 운명의 순간이 왔다. 우주 역사에서 가장 중요한 사건 중 하나가 벌어진 것이다. 이때 우주의 크기는 오늘날의 100억분의 1이고, 온도는 약 100억 도였다. 이 순간, 우주에 가득 찬 광자들의 에너지가 중성자와 양성자의 질량 차이에 해당하는 에너지와 같아졌다. 이 순간부터 광자가 가지는 에너지는 양성자와 반응해서 중성자를 만들기에 부족해졌다. 다시 말해, 홀로 있을 때 양성자로 변환되는 중성자를 다시 중성자로 되돌려 줄 흑기사가 더 이상 존재하지 않게 된 것이다. 시간이 흐를수록 양성자의 수가 많아져서 우주의 나이가 1분 정도 될 때 양성자 대 중성자의 개수 비는 대략 5 대 1이 되었다. 그런데 엎친 데 덮친 격으로 아무 일이 없더라도 중성자는 614초를 반감기로 양성자로 전환되었다. 따라서 양성자 대 중성자의 개수 비는 그 후로 더욱 빠르게 증폭되었고 이때 우주 역사의 한 막이 오르게 된다. 최초로 수소와 헬륨 원자핵이 탄생한 것이다. 우주 나이 1초부터 3분까지 일어난 이 현상을 빅뱅 핵합성Big Bang nucleosynthesis이라고 부르는데 자세한 내용은 다음 강에서 다루겠다.

우주는 수소 원자핵인 양성자를 많이 갖게 되고, 양성자와 중성자의 조합으로 헬륨 원자핵을 대거 만들지만 그 이상의 원자핵은 만들지 못한 채 혼탁한 상태로 유지된다. 우주의 나이가 약 1만 년이 되었을 때, 우주의 지름은 지금의 약 6,000분의 1, 온도는 약 1만 도가 되었다. 빅뱅부터 이 시점까지를 '빛의 시대radiation era'라고 부르는데, 이것은 우주의 팽창이 광자들 때문에 일어난 에너지의 변화에 따라 주로 결정되었기 때문이다. 이때 우주의 크기지름는 시간의 제곱근에 비례해 커졌다. 예를 들어 우주의 나이가 100배 커지면 크기는 10배, 우주의 나이가 1만 배 커지면 크기는 100배 커지는 식이다.

우주의 나이가 약 1만 년이 되는 순간 이후는 '물질의 시대matter era' 혹은 '먼지의 시대dust era'라고 부른다. 이것은 시간이 흐름에 따라 우주 팽창 때문에 일어나는 도플러 효과로 인해 광자가 많은 에너지를 잃고 온도가 많이 낮아져서, 이제는 빛보다 물질이 우주 에너지의 더 큰 비중을 차지하게 되기 때문이다.

지금까지 알려진 바로는 우주에는 수소 원자 하나당 약 10억 개의 광자가 늘 있어 왔다. 각각의 광자가 고온으로 들떠 있던 아주 어린 우주에서는 빛이 전체 에너지에서 차지하는 비중이 커서 우주의 팽창 역사를 주도했다. 하지만 우주 팽창과 함께 도플러 효과의 영향으로 급격히 빛의 에너지가 줄어들고, 물질의 시대에 들어오면 수적인 강세에도 불구하고 물질에게 왕좌를 빼앗기게 된다. 물질의 시대에는 우주의 나이가 1,000배 커질 때 우주의 크기가 100배 커지고, 우주의 나이가 100만 배 커질 때 크기가 1만 배 커져 가는 식의 팽창을 겪는다.

그런데 재미난 것은 우주의 팽창 속도가 빛의 시대보다 물질의 시대에 더 빠르다는 것이다. 얼핏 생각해 보면 '빛의 시대'에는 빛이 에너지를 많이 갖고 있으므로, 빛이 압력을 높여서 우주 팽창을 도울 것 같다. 그러나 그 반대로 빛이 높은 온도, 높은 에너지를 가질 때 오히려 우주 팽창을 저해하는 역할을 한다. 고온이 되면 고압이 되고, 강한 압력은 팽창을 도울 것이라는 일반적인 예측이 빗나가는 것이다. 왜일까?

고온이 고압을, 고압이 팽창을 유발할 거라는 예상은 보통의 일상생활에서는 상식이다. 예를 들어 하늘을 나는 기구 안의 공기 온도를 높여 주면 압력이 높아지고 기구가 더 세게 팽창해 하늘로 상승한다. 텔레비전에서 본 적이 있을 것이다. 이때 압력이 높아진다는 것은 상대적으로 주변, 즉 기구 밖의 환경보다 압력이 높아진다는 것이다. 이 경우 압력의 평형을 이루기 위해 기구는 상승하고 기구 안의 온도는 자연스레 낮아진다.

그러나 우주는 어떠한가? 고온의 광자의 운동으로 압력이 높아진들 그것이 우주의 밖의 압력과 비교될 수 없다면 무슨 소용인가. 우주의 밖은 존재하지 않는다. 왜냐하면 우주의 팽창 자체가 이미 있는 공간 속을 달려가며 팽창하는 것이 아니라 시공간을 새롭게 정의해 가며 팽창하는 것이기 때문이다. 정리하자면, 강한 압력이 팽창을 돕는 것은 주위와 압력 차이를 느낄 때 나타나는 현상이고, '주위'라는 개념 자체가 불가능한 우주의 경우에서는 압력이 팽창을 돕기는커녕 추가 에너지의 역할을 해서 팽창을 저해한다.

물질의 시대라 하더라도 그 후 약 37만 년 동안 우주는 매우 혼돈된 상태였다. 당시의 우주는 오늘날의 우주에 비해 매우 작았고, 물질 입자들은 수소 원자핵, 헬륨 원자핵, 자유 전자 등의 형태로 정신없이 날아다녔다. 물질 입자 1개당 10억 개씩 되는 광자는 사정없이 물질 입자들과 상호 작용을 했다. 마치 전체가 풍선 안에 갇힌 물처럼 묶여서 운동하는데 이를 '플라스마plasma' 상태라고 한다. 호박죽처럼 물질과 빛이 엉킨 우주인 것이다. 이 플라스마 우주가 진동을 하며 만든 현상이 바로 4강에서 공부한 우주 배경 복사이다.

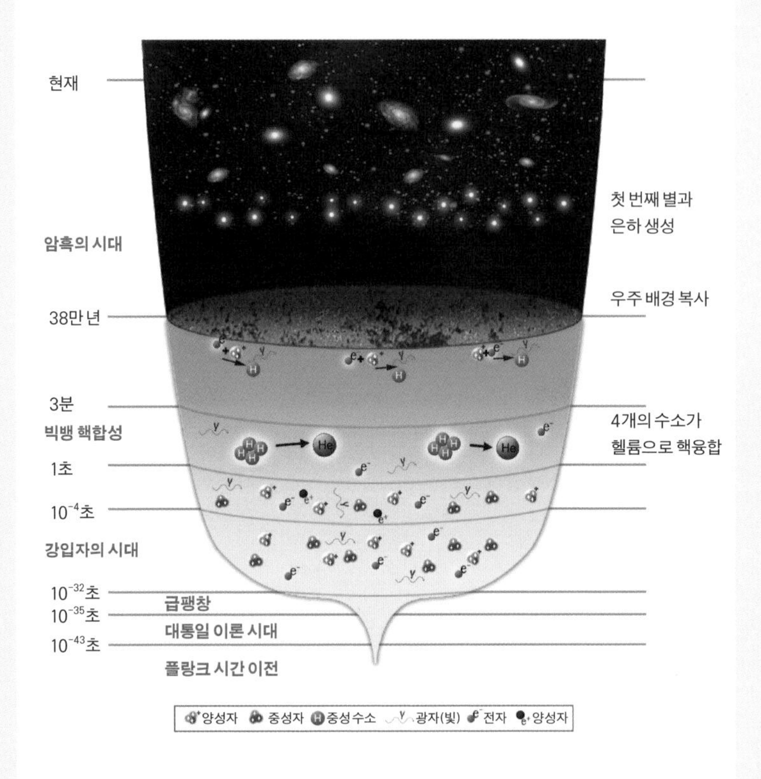
현재
첫 번째 별과
은하 생성
암흑의 시대
우주 배경 복사
38만 년
3분
빅뱅 핵합성
4개의 수소가
헬륨으로 핵융합
1초
10^{-4}초
강입자의 시대
10^{-32}초
급팽창
10^{-35}초
대통일 이론 시대
10^{-43}초
플랑크 시간 이전
양성자 중성자 중성수소 광자(빛) 전자 양성자

우주 팽창의 역사

시간	온도(도)	스케일 팩터	우주의 모습
$< 10^{-43}$초	?	?	플랑크 시간 이전의 우주는 물리적으로 기술 불가능 **대통일력의 시대** **강력, 약력, 전자기력이 함께 묶여 있다.**
약 10^{-35}초	10^{27}	10^{-27}	급팽창 시작, 강력이 대통일력으로부터 분리된다.
10^{-32}초	10^{26}	10^{-26}	급팽창 종료
10^{-10}초	10^{15}	10^{-15}	빛 에너지 : 1000억 전자볼트 (지구상의 입자 가속기가 도달할 수 있는 한계) **쿼크 형성, 자유 전자, 쿼크, 광자, 중성미자가 복잡하게 움직인다.**
약10^{-4}초	1조	10^{-11}	쿼크 형성 종료
1초	100억	10^{-10}	빛 에너지 : 100만 전자볼트(이는 중성자와 양성자의 질량차이, 핵자의 결합 에너지와 비슷하다.)
10초	10억	10^{-9}	최후의 우주 규모 전자-양전자 간의 쌍소멸 이 에너지가 광자에 전달된다.
3분	10만		**빅뱅 핵합성, 수소와 헬륨의 원자핵 탄생**
1만 년	1만	0.0001	빛의 시대 종료, 물질의 시대 시작 자유 전자, 광자, 원자핵으로 혼탁한 우주
38만 년	3,000	0.001	재결합, 대분리, 최후의 산란

* 시간은 빅뱅으로부터의 시간
* 우주의 온도는 광자의 에너지를 온도로 환산한 값
* 스케일 팩터는 현재 우주의 크기와 비교한 당시 우주의 크기

초기 우주의 역사

● 옥스퍼드 대학교

귀국하기 바로 전에 영국 옥스퍼드 대학교 물리학과에서 천체 물리학 교수로 4년간을 지냈다. 영국에 처음 간 것은 2000년 여름, 국제 천문 연맹이 주관하는 학회에 참가하기 위해 맨체스터를 방문했을 때였다. 런던에서 맨체스터까지 작은 비행기를 타고 갔는데, 온통 초록색인 초원에 뭉게구름처럼 떼 지어 있는 양들이 얼마나 인상적이었는지 아직도 잊을 수 없다. 학회를 마친 후에 이그나시오 페레라스Ignacio Ferreras 박사를 만나기 위해 옥스퍼드에 들르게 되었는데, 그 오색찬란한 교정에 감탄을 금치 못했다.

런던으로 흐르는 템스 강의 상류라 소들이 건너기에 최적인 냇물이라 해 '옥스퍼드Oxford'라고 불리게 된 도시에 있는 옥스퍼드 대학교는 1096년경에 설립되어 1,000년의 역사를 자랑하는 명문 대학교다. 옥스퍼드 대학교는 세계 최고의 우주론 연구자인 조지프 실크Joseph Silk, 블랙홀의 지존 로저 펜로즈Roger Penrose, 현존하는 최고의 천문학자 제임스 비니James Binney 등 스타 천문학자들의 산실이다. 대부분의 교수들은 매일 자전거로 출퇴근하는데, 이런 점 또한 무척 인상적이었다.

옥스퍼드 대학교 천문학과는 우주론으로 시작해서 우주론으로 끝나는 곳이다. 내가 교수를 지내는 동안 배출한 박사들의 학위 논문의 제목 몇 개를 소개해 보면, '우주의 변하지 않는 상수의 변화에 관해'여기서 웃는 독자에게 갈채를 보낸다., '우주 전체의 회전에 관해', '우주 자기장의 기원' 등이 있다. 하하. 인간이 이런 연구를 할 수 있는 줄 처음 알게 되었다. 옥스퍼드에서 지낸 4년 동안 나는 비로소 학자가 무엇인지를 배우게 되었다. 존재하는 모든 것! 우주의 큰 그림을 그리는 길에 들어서게 해 주었다. 깊은 감사의 마음을 멀리에서나마 전한다.

나는 옥스퍼드 대학교와 연세 대학교에서 학생들을 가르친 기간이 비슷한데, 한국 학생들의 연구 능력이 결코 옥스퍼드에 비해 뒤지지 않는다고 확신한다. 다만, 옥스퍼드에서는 정답 이외의 해석을 요구하는 학생들을 여럿 만날 수 있었다. 옥스퍼드 대학교를 구성하는 40여 개의 칼리지 중 하나인 와담 칼리지Wadham College에서 내가 처음 튜터링tutoring을 할 때였다. 옥스퍼드는 튜터링 교육으로 유명하다. 모든 과목마다 교수 한 명이 학생 두 명을 매주 만나서 학업 진도를 확인하는 것이다. 학생과 교수 모두에게 지옥 같은 시간이다. 학생에게는 교수와 동료 앞에서 실력이 완전히 드러나는 시간이기 때문이며, 교수는 한 시간의 튜터링을 위해 보통 열 시간 정도의 준비를 해야 하기 때문이다. 한번은 백색 왜성의 구

조를 묻는 질문에 대한 해답을 찾고 있었는데, 한 학생이 "이미 알고 있는 방법 외에 새로운 해법을 찾고 싶습니다." 하는 것이 아닌가. 얼마나 진땀을 흘렸는지 모른다. 그해의 마지막 튜터링을 마쳤을 때 그 학생이 나에게 "처음 하시는 튜터링 치고 꽤 괜찮았습니다."라고 말하는 것이 아닌가. 기가 막혔지만 내가 초보 티를 낸 것은 사실이었다. 학생들의 상상력은 기성 세대의 상식을 뛰어넘는다. 획일화된 교육으로 사고가 굳어지고 지나친 선행 학습으로 이미 지쳐 버린 우리 학생들에게 순수한 호기심을 발휘할 수 있는 환경을 되돌려 주고 싶다.

lecture
6

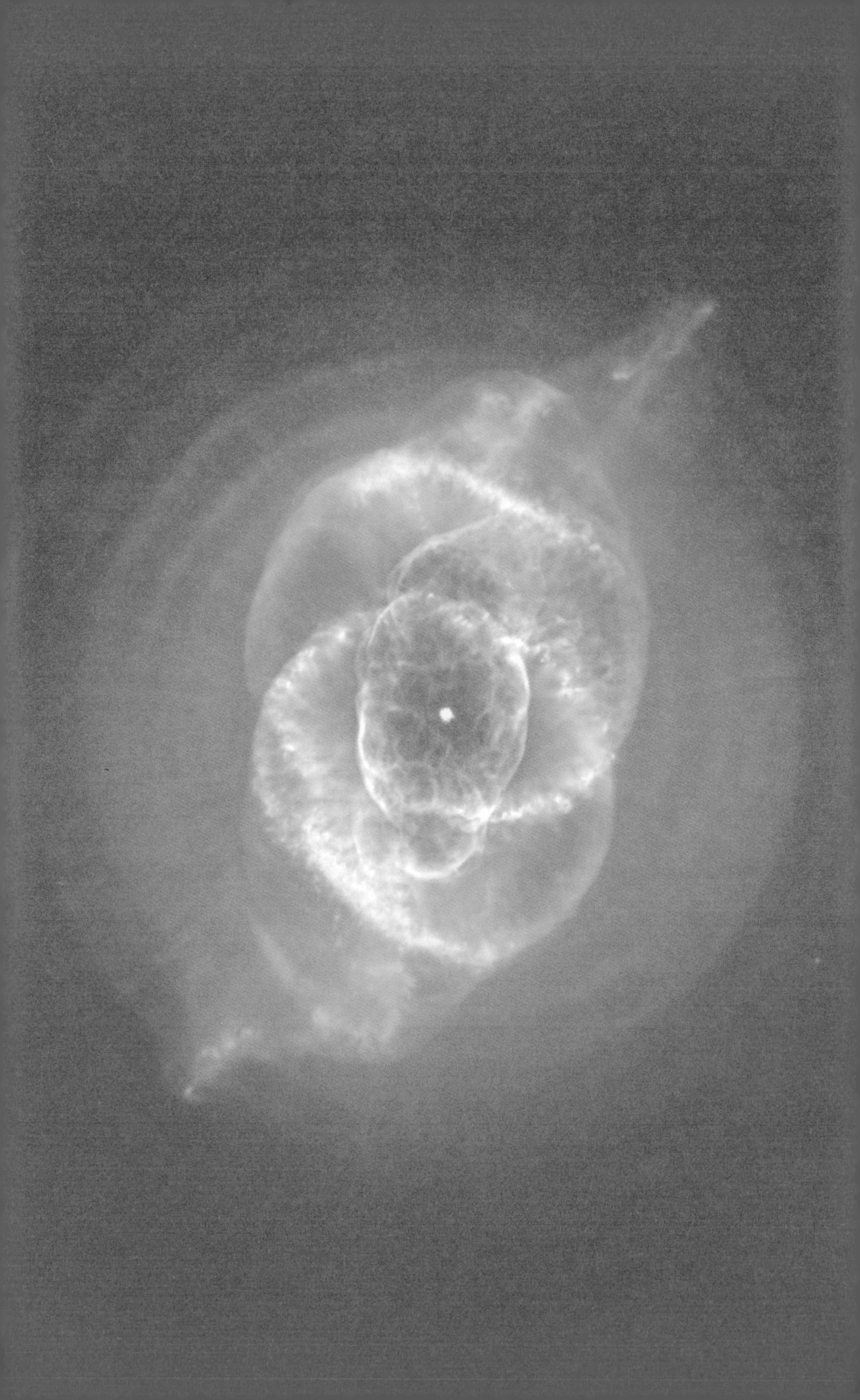

태초의 3분

우주의 나이 1초는 마치 사람의 첫돌과 비슷하다. 많은 아이들이 첫돌을 맞이할 때쯤 일어서기 시작하는 것처럼 우주도 양성자수소 원자핵, 중성자 같은 기본 핵자 수준을 넘어서 다차원적인 헬륨 원자핵을 만들기 시작한다. 이것을 빅뱅 핵합성이라고 한다. 이번 강의의 주제이다.

여기서 잠깐 지난 강의 내용을 상기해 보자. 모든 원자에는 양성자라는 기본 핵자가 들어 있다. 양성자는 매우 안정적이며 그 자체로 수소의 원자핵이기도 하다. 원자핵을 이루는 핵자에는 양성자만 있는 게 아니라 중성자도 있다. 중성자는 양성자보다 0.1퍼센트 더 큰 질량을 가지며 전기적으로 중성인데, 자연 상태에서 원자핵을 이루지 않고 홀로 있을 경우에는 불안정해서 양성자로 변환된다. 이때 중성자와 양성자의 질량 차에 해당하는 약 100만 전자볼트의 에너지가 방출된다. 중성자는 양성자로 변환되려는 경향성이 있지만, 우주의 나이가 1

초가 되기 전처럼 고온 상태에서는 고에너지 광자가 양성자와 반응해 다시 중성자를 생성하기 때문에 양성자와 중성자 간 열적 평형을 이룬다. 이 메커니즘을 아직은 잘 모른다. 하지만 우주 나이 1초 이후부터는 광자의 에너지가 100만 전자볼트 아래로 내려가서 빛이 양성자를 중성자로 바꾸는 효율이 중성자가 자연적으로 양성자로 변환되는 효율을 따라갈 수가 없게 된다.

양성자가 중성자로 변환되는 효율을 크게 떨어뜨린 또 다른 엄청난 사건이 우주의 온도에너지가 100만 전자볼트에서 50만 전자볼트로 떨어졌을 때 벌어졌다. 5강에서 소개한 바와 같이 우리 우주에서는 쌍소멸과 쌍생성이라는 현상이 일어난다. 우주의 온도가 전자의 질량에 해당하는 50만 전자볼트보다 높을 때는 높은 에너지의 빛으로부터 전자와 전자의 반입자인 양전자가 쌍생성되었지만, 우주의 온도가 50만 전자볼트로 낮아지면, 쌍생성은 불가능해지고 그때까지 존재했던 양전자와 전자가 쌍소멸하는 것만 가능해진다.

우리 우주가 탄생했을 때 반물질인 양전자보다 물질인 전자가 조금 더 많이 만들어졌던 것 같다. 결국 우주의 온도가 낮아져 우주 전체 규모에서 최후의 쌍소멸이 일어나자, 전자만 남게 되었다. 이 우주 규모의 쌍소멸은 우주에서 반물질만 소멸시킨 게 아니다. 자유 전자의 수도 급격히 줄어, 양성자가 전자와 반응해서 중성자가 되는 효율도 급격히 떨어뜨린 것이다. 재미있는 것은 이렇게 우주 전체에서 최후의 쌍소멸이 일어났을 때 우주 팽창으로 인한 온도 감소가 잠시 둔화되었다는 것이다. 이때, 전자와 양전자의 질량이 빛 에너지로 환원되어 우주 전체의 광자들이 순간적으로 새로운 에너지를 얻는다. 우주 팽창의 역사에서도 아주 드문 순간이다.

우주 규모 최후의 쌍소멸에 즈음해 양성자와 중성자의 열적 평형이 깨지게 되었다. 이 사건은 우주의 물질들이 다양한 원소들로 이루어지도록 하는 시발점이 되었다. 이 사건이 없었다면, 수소보다 무거운 헬륨 같은 다차원적 원소는 합성되지 못했을 것이다. 쌍소멸 직후의 짧은 순간, 즉 1초부터 약 3분까지의 짧은 순간을 '빅뱅 핵합성의 시대'라고 부른다.

빅뱅 핵합성 과정에 대한 설명은 빅뱅 우주론의 우수성을 보여 주는 사례이며 빅뱅 우주론이 실제 우주 진화와 부합하는지를 보여 주는 증거이기도 하다. 빅뱅 핵합성 이론은 어떤 과정을 거쳐 만들어졌을까?

인류는 수만 년 전부터 별들을 관찰해 왔다. 그러나 100년 전까지도 별이 어떻게 빛을 내는지 알지 못했다. 별빛의 원천에 대한 설명은 19세기 말 켈빈 경Baron Kelvin, 본명은 William Thomson과 헤르만 폰 헬름홀츠Hermann von Helmholtz가 처음 제시했다. 그들의 이론에 따르면, 보통의 별은 기체 구름의 일부가 수축해 온도가 높아진 기체 덩어리로부터 탄생한다. 이때 열 에너지는 최초의 기체 구름이 가진 중력 에너지로부터 생겨난다. 태양이 된 기체 구름이 방출하는 열 에너지 총량을 현재 태양이 매년 빛으로 방출하는 에너지의 양으로 나누면 태양이 이 상태를 얼마나 오래 유지할 수 있는가를 알 수 있는데, 그 값이 대략 3000만 년이다. 이를 '켈빈-헬름홀츠 시간'이라고 한다.

당시에는 우주의 나이가 켈빈-헬름홀츠 시간보다 작았을 것이라고 믿었으므로 심지어 6,000년이라고 주장하는 이들도 있었다., 이 결과는 매우 반길 만한 것이었다. 그런데 20세기에 들어와서 새로운 사실이 발견되었다. 1907년에 예일 대학교의 화학자 버트럼 볼트우드Bertram Boltwood가 물리학자 어니스트 러더퍼드Ernest Rutherford의 핵분열 이론을 이용해 지구에 있는 바위의 나이를 측정했더니 약 2억 5000만 년이라는 엄청난 값이 나온 것이다. 이후, 더 정밀한 분석으로 이 바위의 나이가 약 13억 년이라는 것을 알게 되었다. 지구가 태양보다 더 오래되었을 가능성은 물리적으로 볼 때 희박하므로, 결국 켈빈-헬름홀츠 시간이 태양의 최대 나이를 올바로 제시하지 못한다는 의문이 제기되었다.

태양의 에너지원과 수명을 둘러싼 일련의 논쟁이 진행되는 동안, 독일 출신의 물리학자 한스 베테Hans Bethe는 태양 내부의 온도에 주목했다. 켈빈-헬름홀츠 이론에 따르면 태양 중심의 온도는 1000만 도 이상의 고온이어야 하는데, 태양을 구성하는 물질이 이러한 극고온의 환경을 잘 견뎌 낼까 하는 의문을 가진 것이다. 태양은 대부분 수소 원자로 구성되어 있는데, 수소 원자는 고온의 환경에서 완전히 이온화되어 전자가 원자핵인 양성자로부터 분리된다. 수소 원자핵인 양성자는 모두 양전기를 띠므로 서로를 밀어낸다. 그러나 입자들이 엄청나게 빠른 속도로 움직이는 고온의 상태에서는 척력을 이기고 양성자끼리 반응하는 것이 가능해진다. 그리하여 양성자 두 개와 중성자 두 개가 모여 헬륨 원자핵이 만들어진다. 이것은 수소 폭탄의 원리와 같다. 켈빈과 헬름홀츠가 생각했던 기체 구름의 수축에서 생기는 열 에너지보다 수천 배 높은 에너지를 생산하는 방식인 것이다. 만일 이것이 사실이라면 태양은 현재의 빛을 100억 년 동안이나 유지할 수 있게 되므로 볼트우드가 알아낸 수십억 년의 지구 나이도 전혀 문제가 되지 않는 것이었다. 베테는 이 연구 결과를 1939년에 발표했고 1967년에 노벨 물리학상을 받았다. 별이 에너지를 만드는 과정에 대한 자세한 이야기는 16강에서 하겠다.

베테의 연구는 가모브에게 신선한 충격을 주었다. 태양 중심의 환경, 즉 높은 온도와 높은 밀도는 초기 우주에서도 가능하다. 그는 자신의 제자 앨퍼와 함께 즉시 초기 우주에서 어떤 일이 일어났는지 연구하기 시작했다. 실제로 우주 나이가 1초일 때, 우주의 밀도는 태양 중심부의 밀도보다는 낮지만 태양의 평균 밀도와 비슷하다.태양의 평균 밀도는 지구상 액체 물의 밀도와 비슷하다. 또한 온도는 100억 도 정도로 태양 중심부의 온도보다 1,000배가량 더 높다. 따라서 밀도는 조금 낮지만 온도가 높으므로 고속 운동하는 양성자 간 상호 작용이 가능해지고, 수소 폭탄이 터질 때 일어나는 핵융합 현상이 전 우주에 일어나게 된다. 마치 태양 내부에서 양성자 간의 결합으로 헬륨이 만들어지는 것처럼 초기 우주에서도 헬륨이 만들어졌다. 가모브가 이렇게 결론을 맺자 또 다른 궁금증이 생겼다. '그렇다면 어느 정도의 헬륨이 만들어졌을까? 헬륨 외의 다른 원소들도 만들어졌을까?'

우주의 헬륨 양은 계산이 가능했다. 우선 빅뱅 우주론을 이용하면 시간에 따라 우주가 커져 가는 비율과 온도가 낮아지는 경향을 계산할 수 있다. 여기에 중성자의 반감기를 더불어 고려하면 양성자와 중성자의 비를 알아낼 수 있다. 그러면 계산을 위한 기본 조건이 다 갖

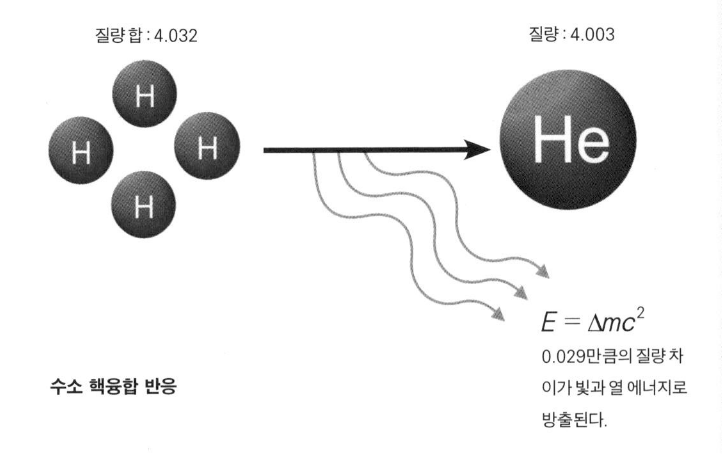

수소 핵융합 반응

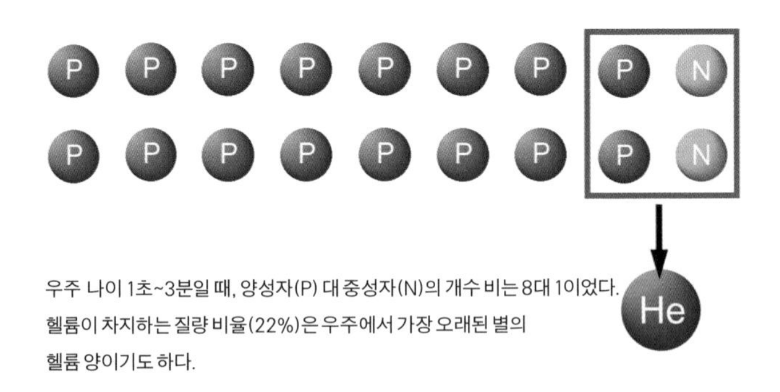

우주 나이 1초~3분일 때, 양성자(P) 대 중성자(N)의 개수 비는 8대 1이었다.
헬륨이 차지하는 질량 비율(22%)은 우주에서 가장 오래된 별의
헬륨 양이기도 하다.

초기 우주에서의 헬륨 생성

추어진 셈이다. 우주의 나이 1초부터 3분까지 양성자와 중성자의 평균 개수 비는 8 대 1이었다. 그런데 1개의 헬륨을 만들기 위해서는 2개의 양성자와 2개의 중성자가 필요하다. 즉 16개의 양성자와 2개의 중성자가 포함된 작은 우주 공간에서는 1개의 헬륨 원자핵이 만들어지고, 14개의 양성자가 남게 된다. 이 과정 중에 양성자와 중성자가 1개씩 합쳐진 중수소deuterium도 만들어진다. 헬륨 원자핵은 매우 안정되어 한번 만들어진 헬륨 원자핵이 다시 부서지는 일은 거의 없다. 이러한 핵합성 현상은 전 우주에서 벌어지고, 중성자는 우주에서 급격히 사라지게 된다. 이때까지의 과정이 모두 끝나면 우주 구성 요소의 비는 양성자 14개당 헬륨 원자핵 1개가 된다. 그리고 질량비를 따져 보면 양성자 14 대 헬륨 4이므로, 헬륨이 우주에서 차지하는 질량은 수소의 $\frac{4}{(14+4)}$, 즉 22퍼센트였다.

핵합성이 가능한 고온의 상태는 그리 오래 지속되지 않았다. 우주의 나이가 3분이 되었을 때 우주의 온도는 1억 도 미만으로 내려가고 밀도는 현저하게 떨어져서 빅뱅 핵합성 초기에 비해 100만분의 1 정도로 낮아졌다. 따라서 입자들이 상대적으로 천천히 움직이고 입자들 간에 서로 만날 수 있는 확률이 낮아져서 헬륨 이상의 핵융합은 거의 불가능해졌다. 나중에 알게 된 일이지만 헬륨들이 서로 만나 탄소를 만드는 과정은 1억 도의 고온 환경이 수만 년 지속되어야만 가능하다. 우주 팽창에 따라 우주의 온도는 급속도로 낮아지고 있었기 때문에 탄소 생성은 불가능했다. 양성자와 중성자의 결합체인 중수소, 리튬, 베릴륨 등 가벼운 원소들이 빅뱅 핵합성의 시대에 만들어지기는 했지만, 헬륨이나 수소에 비하면 미미한 양에 지나지 않았고 우주 진화에서도 큰 역할을 하지 않았다. 다시 말해 빅뱅 우주론이 옳다면, 우주 초기에는 오로지 양성자인 수소 원자핵과 헬륨 원자핵만이 만들어졌다. 가모브와 앨퍼가 이 연구 성과를 발표한 것이 1948년이다.

빅뱅 우주론을 믿지 않던 사람들은 "그럼 빅뱅 우주론으로는 우주에 분명히 존재하는 탄소나 질소, 철과 같은 나머지 원소들을 전혀 설명할 수 없네."라며 비판했다. 아이러니컬하게도 이 문제점의 해답은 빅뱅 우주론의 최대 적수인 프레드 호일의 연구에서 찾을 수 있었다. 1957년에 호일은 동료 천문학자인 마거릿 버비지Margaret Burbidge와 제프리 버비지Geoffrey Burbidge, 윌리엄 파울러William Fowler와 함께 탄소를 포함한 무거운 원소들 모두가 1억 도 이상의 고온을 가진 별의 중심부에서 만들어졌다는 사실을 발견하게 되었다. 따라서 빅뱅 초기 우주에서는 헬륨까지만 만들어지는 것이 옳다는 것을 간접적으로 증명한 것이다. 적군이 승리의 깃발을 들어 주어, 빅뱅 우주론의 미소가 세상에 퍼지는 순간이었다. 모든 중원소는 별의 내부에서 만들어진다는 이 연구로 1983년 윌리 파울러는 노벨상을 받았다.

안타깝게도 20세기 최고의 천문학자 호일은 이 연구의 아이디어를 제시하고 리더로서 연구를 수행했음에도 불구하고 노벨상을 수상하지 못했다. 훗날 버비지 부부를 비롯한 많은 사람이 노벨상 선정에 의문을 제시하기도 했지만, 우주를 가슴에 품었던 대가 호일에게 그깟 상 하나가 무슨 큰 의미가 있었겠는가! 단, 자신의 연구 성과가 자신이 반대하던 이론의 증거가 되어 준 것은 어떻게 생각했을까? 분하게 여졌을까, 아니면 통 크게 반겼을까?

아무튼 빅뱅 핵합성 이론에 따르면 우주 초기 수 분 동안 수소와 헬륨, 아주 약간의 중수소, 베릴륨, 리튬이 생성되었다. 우주에 존재하는 물질들 중, 거의 100퍼센트에 달하는 질량이 수소와 헬륨의 형태로 존재했고 다른 원소들은 극소량 존재했다. 헬륨이 우주 물질 질량에서 차지하는 비율은 물리적 가정에 따라 조금 달라지지만 22~24퍼센트로 예측된다. 빅뱅 핵합성 이론의 이 예측들을 실제로 확인할 수는 없을까?

있다! 가장 많이 사용하는 방법은 우주에서 가장 오래된 천체를 연구하는 것이다. 한국 전쟁을 가장 잘 기억하는 사람이 그 시대를 산 사람인 것처럼, 우주 초기의 모습을 가장 정밀하게 기억하는 천체는 우주에서 가장 처음 만들어진 천체이다. 우선, 가장 오래된 별들의 대기를 분석해 헬륨 양을 유추해 낼 수 있다. 또한 아주 먼 천체에서 오는 빛이 우주 공간에 있는 우주 기체를 통과할 때 나타나는 현상을 관찰해서 우주 초기 기체에 헬륨이 얼마나 포함되어 있는지 알아낼 수도 있다. 매우 밝은 젊은 별들이 팽창하며 주위의 성간 기체와 충돌하면서 내는 빛을 관찰해 성간 기체 내 헬륨의 양을 측정하는 것도 많이 사용되는 방법이다. 그 결과는? 놀라지 마라. 1980년대에 들어 밝혀진 이 모든 독립적인 관측 결과가 우주 초기의 헬륨 양이 22~25퍼센트였을 것이라고 제시했다. 측정과 분석에서 생겼을 오차를 고려하면, 이는 거의 완벽한 일치라고 볼 수 있다.

빅뱅 핵합성 이론의 성공은 여기서 끝나지 않는다. 대량으로 생산

된 헬륨뿐만 아니라 적은 양의 다른 원소들중수소와 리튬도 모두 이론적으로 예측된 양만큼 관측되었다. 실로 놀라운 일이 아닐 수 없다.

어느 날 저녁, 어두컴컴해질 무렵 한 학생이 하늘로 돌멩이 하나를 던졌다. 조금 뒤, 기러기 세 마리가 하늘에서 투두둑 하고 떨어졌다. 생물학자들이 확인해 보니 이 세 마리의 기러기가 지난 몇 년간 한국에 나돌던 조류 독감의 원인 제공자였다. 이로 인해 한국은 조류 독감에서 해방되었다. 물론 이것은 내가 지어낸 이야기다. 만일 이런 일이 실제로 일어났다면, 어떻게 생각하는 것이 과학적이겠는가. '우연의 일치네.'일까, '흠, 말도 안 될 정도로 확률이 낮은 현상이 일어났으니 한 번 확인해 봐야겠는걸?'일까? 물론 후자가 답이다. 빅뱅 핵합성 이론과 천문 관측 결과의 일치는 이 정도로 놀라운 일이었다.

그런데 빅뱅 핵합성 이론의 성공은 매우 흥미롭지만 천문학자들에게 어려운 숙제를 안겼다. 빅뱅 핵합성 이론에 따르면, 중수소의 양은 우주의 밀도에 따라 매우 민감하게 변한다. 왜냐하면 중수소는 매우 쉽게 중성자를 포획해 헬륨 3으로 변하기 때문이다. 따라서 만일 우주의 물질 밀도가 우리가 생각하는 것보다 조금이라도 높거나 낮았다면 이때 만들어진 중수소의 양이 크게 달라졌을 것이다. 그런데 헬륨, 중수소, 리튬의 관측값과 완벽하게 일치하는 빅뱅 우주론은 보통 물질의 밀도가 안정된 우주의 조건인 임계 밀도의 4퍼센트라고 제시한다.

빅뱅 핵합성 이론은 빅뱅 우주론의 우수성을 증명한 가장 좋은 예이지만, 우리에게 어려운 수수께끼를 남겼다. 이 흥미진진한 수수께끼는 다음 강의에서 다루어 보겠다.

● **케임브리지 대학교**

옥스퍼드 대학교와 쌍벽을 이루는 케임브리지 대학교는 천체 물리학의 요람이다. 물리학자 아이작 뉴턴Isaac Newton을 시작으로 해서, 20세기에는 아서 에딩턴Authur Eddington과 프레드 호일Fred Hoyle이라는 걸출한 인물은 물론이고, 마틴 리스Martin Rees, 스티븐 호킹Stephen Hawking, 앤디 페이비언Andy Fabian 등 시대를 주도하는 천체 물리학자들을 여럿 배출했다.

현재 케임브리지 대학교 천문학과에서는 호킹의 미니 블랙홀부터 리스와 페이비언의 초거대 블랙홀까지 고에너지 천체 물리학에 관한 연구가 특별히 활발하다.

옥스퍼드 대학교에서는 케임브리지 대학교를 '다른 학교'라고 부른다. 케임브리지라는 말을 입 밖에 내고 싶지 않다는 부정적인 의미도 있지만, 옥스퍼드 외에는 케임브리지밖에 없다고 그 가치를 높이 평가하는 긍정적인 의미도 내포하고 있는 것이다. 케임 강을 따라 그림처럼 펼쳐져 있는 대학 교정을 거닐다 보면, 금방이라도 뉴턴이 사과를 건네며 "네가 중력을 알아?" 하고 물어 올 것 같다.

영국에 있을 때 세미나가 있어 여러 번 이 대학교를 방문할 기회가 있었는데, 그곳의 자유롭고 호방한 학풍이 무척 인상 깊었다. 학생과 교수 모두 목소리를 높여 토론하고, 많은 박사 후 연구원들이 교수와 학생 사이에서 교량 역할을 하며 활기를 불어넣고 있는 것을 보며, '아, 우리나라는 언제 저렇게 활기차고 생기 있는 학풍을 만들 수 있을까?' 하고 부러워했던 일이 기억난다. 케임브리지 대학교 천문학과는 교수 약 20명, 박사 후 연구원 약 30명, 학생 약 40명으로 구성되어 있다. 교수들은 연구의 방향을 잡고, 학생들은 연구에 몰두하며, 박사 후 연구원은 그 사이를 잇는 다리 역할을 한다. 이와 같은 구성은 매우 이상적이다.

우리나라의 경우 최상의 연구 환경을 가진 대학이라 할지라도 박사 후 연구원층이 거의 비어 있는 상황이다. 그래서 어떤 때는 주제가 크게 다른 여러 학생의 연구를 한 명의 교수가 직접 지도를 해야 하는 어려움이 있다. 한국 과학계 연구의 질을 높이기 위해서는 연구 환경 개선이 시급하다.

lecture 7

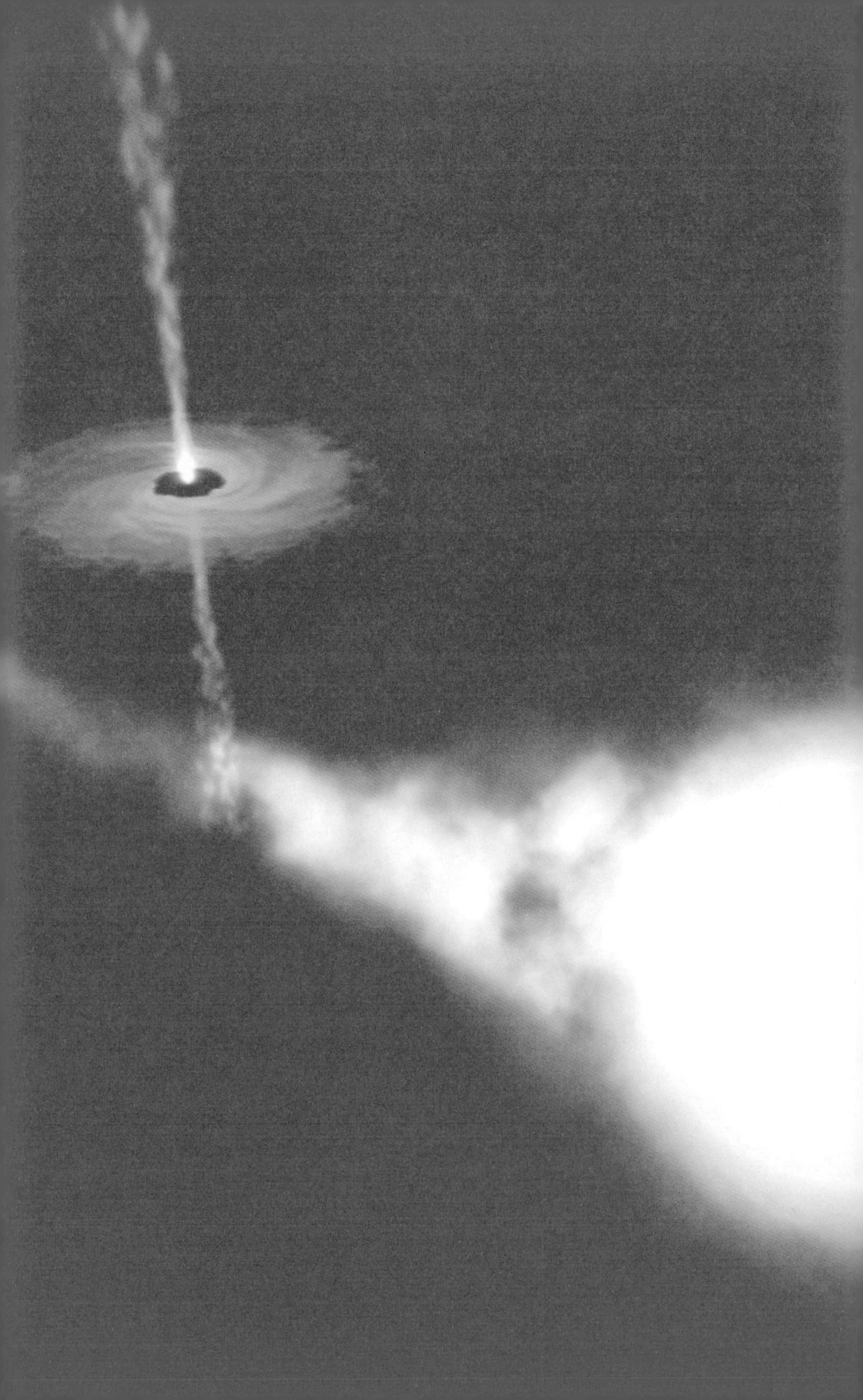

우주의 운명은?

우주가 과거로부터 지금까지 팽창해 왔다면 앞으로는 어떻게 될까? 끝도 없이 팽창할까? 아니면 언젠가는 다시 줄어들까? 빅뱅 우주론에 따르면 우주의 운명은 우주 탄생과 함께 이미 결정되었다. 이것은 마치 로켓을 공중으로 쏘아 올릴 때 초기 속도를 알면 로켓의 최후를 알 수 있는 것과 같다.

지구상에 사는 사람뿐만 아니라 공중을 날아다니는 새까지 우리는 모두 지구 중력계 안에 있다. 이 중력계 안에서 중력에 관한 한, 가장 중요한 역할을 하는 것은 지구인데, 이는 지구가 가장 질량이 크기 때문이다. 이 책을 읽는 궁금증 많은 독자는 어릴 적 야구공을 공중으로 높이 던지며, 얼마나 세게 던지면 공이 지구를 벗어날 수 있을지 궁금해한 적이 있을 것이다.

지구 중력계 안에서 수직으로 로켓을 쏜다고 가정하자. 로켓이 계속 하늘로 날아갈까, 아니면 다시 떨어질까? 물론 그것은 로켓의 속도에 따라 다르다. 지구 중력을 고려할 때, 만일 로켓이 초속 11킬로미터 이상의 속도로 우주를 향해 날아갈 수 있다면 로켓은 지구 중력계를 탈출할 수 있다. 반대로 로켓의 속도가 그 이하이면 로켓은 상승을 하다 어느 순간에 멈추고, 다시 지구를 향해 떨어질 것이다. 이렇게 로켓의 운명을 결정하는 속도를 '임계 속도'라고 부른다. 지구 중력계의 임계 속도는 약 초속 11킬로미터인 것이다. 이 속도는 엄청난 속도이다. 시속으로 환산하면 시속 3만 9600킬로미터에 해당하기 때문이다. 그러니 슈퍼맨이 아닌 이상, 하늘을 향해 던진 야구공이 지구 밖으로 나가면 어떡하냐는 고민은 할 필요가 없다.

만일 지구 중력이 없다면 한번 초기 속력을 가지고 날기 시작한 로켓은 관성의 법칙에 따라 계속 같은 속력으로 날 것이다. 하지만 중력계 안에서는 어떤 속력으로 출발했든 중력 때문에 지속적으로 속력이 줄어든다. 심지어 탈출 속도를 능가하는 속력으로 발사된 로켓이라 하더라도 최소한 지구 중력권을 벗어날 때까지는 그 속력이 감소한다. 지금 우리는 세기가 결정되어 있는 지구 중력계에서 벗어나려면 얼마만큼의 속력이 필요한지를 고민하고 있다.

논리를 거꾸로 뒤집어 보자. 약 초속 11킬로미터로 날아가고 있는 로켓이 있다고 하자. 그런데 이 로켓은 지구 중력계가 아니고 우리가 잘 알지 못하는 다른 중력계 속에서 비행하고 있다고 해 보자. 이 미지의 중력계가 가진 중력의 세기는 당연히 그 중력계를 정의하고 있는 질량에 따라 결정된다. 예를 들어 지구보다 가벼운 화성은 중력이 지

작은 중력계에서 더 탈출하기 쉽다.

구보다 약하다. 반대로 지구보다 무거운 목성은 중력이 지구보다 강하다. 따라서 이 로켓은 화성 중력계에서는 간단하게 탈출할 수 있겠지만 목성 중력계에서는 탈출은 어림도 없다. 목성에서 발사되었다면 이 로켓은 처음에는 공중으로 올라가다가 점점 속도가 줄어들고, 어느 시점에는 공간에 정지한 것처럼 보이다가 결국은 행성의 표면을 향해 떨어질 것이다. 이 로켓이 정확히 지구와 같은 질량을 가진 행성에서는 간신히 탈출할 수 있을 것이다. 이 경우 이 행성은 주어진 속도를 가진 로켓에 대해 '임계 질량'을 가지고 있다고 할 수 있을 것이다.

같은 논리를 우주의 팽창에도 적용해 우주가 계속 팽창할지 아니면 팽창을 멈추고 쪼그라들지 알 수 있다. 우선, 우주가 현재 어떤 속력으로 팽창하고 있는지는 관측을 통해 알 수 있다. 2강에서 언급한 바와 같이, 허블이 은하들의 적색 이동을 관측한 것을 시작으로 천문학자들은 최근까지 많은 은하들의 적색 이동을 측정해 왔다. 그 결과 현재 우주는 300만 광년 멀어질 때마다 약 초속 70킬로미터씩 빨라지는 식으로 팽창하고 있다. 그러나 우주 전체가 가지고 있는 질량더 정확히는 에너지은 이 팽창을 방해하는 중력을 낳는다. 그렇다면 현재 우리가 관측한 우주 팽창 속도는 우주가 스스로의 중력으로부터 탈출해 팽창을 계속하게 해 줄 수 있는 속도일까? 거꾸로 말하자면, 이 속도에 해당하는 우주의 임계 질량 밀도혹은 임계 에너지 밀도가 있을 텐데, 그 값은 얼마일까? 우리 우주는 그 임계 질량 밀도만큼의 에너지를 가지고 있을까?

우주의 질량 밀도가 그 임곗값임계 질량 밀도보다 작다면, 현재 속도로 팽창하고 있는 우주는 계속적으로 팽창하게 될 것이다. 예를 들어 우주에 질량에너지을 가진 물질이 전혀 없다고 가정하면, 무슨 이유에서든지 한번 팽창하기 시작한 우주는 관성 때문에 계속 팽창하게 될 것이다. 이러한 우주를 '텅 빈 우주empty universe'라고 부른다. 텅 빈 우주라니. 그런 것을 생각할 필요가 있을까. 내 몸도 있고, 책상도 있고, 지구도 있고 우리 은하도 있는데, 텅 빈 우주를 왜 고려하는지에 대해 질문하는 독자도 있겠지만, 실제 우리 우주는 거의 텅 빈 것과 다름없어 보인다. 우주에 많은 질량이 있는 것처럼 보이지만 우주가 너무나 큰 것이다. 우리가 관측을 통해 알고 있는 우주의 물질 밀도는 1세제곱미터 안에 수소 원자 0.2개 정도가 있는 것에 불과하다. 지구상의 실험실에서 일반적으로 만들 수 있는 최상의 진공 상태보다 더 밀도가 낮은 진공 상태이다. 믿기 힘들겠지만 사실이다.

실제로 우주가 계속 팽창할지 다시 수축할지를 결정하는 임계 질량 밀도critical density, 이제부터 '임계 밀도'라고 부르자.는 1세제곱미터 안에 수소 원자가 5개 들어 있는 정도에 불과하다. 사과 상자 안에 수소 원자 1개만 들어 있는 경우를 생각하면 된다.

천문학에서는 밀도를 나타낼 때 주로 그리스 문자 'ρ로'를 사용한다. 그리고 임계 밀도는 ρ_{crit}로 표기한다. 이 임계 밀도 ρ_{crit}로 우주의 질량 밀도 ρ를 나눈 값을 '밀도 변수density parameter'라고 부르는데, 허블 상수와 함께 우주론에서 가장 중요한 매개 변수이다. 그리고 이것을 그리스 문자 'Ω오메가'로 표시한다.

질량 밀도가 임계 밀도보다 작은 우주, 즉 Ω가 1보다 작은 우주는 텅 빈 우주를 포함해서 모두 '열린 우주open universe'라고 부른다. 왜냐하면 일반 상대성 이론에 의하면 이런 우주는 음-으로 휜 '열린' 기하를 갖기 때문이다. 우주에 다른 특별한 에너지가 없다면실제로는 문제가 훨씬 복잡하다. 11강을 보라. 열린 우주는 계속 팽창하지만, 그 이름의 기원은 팽창하는 성질이 아니고 기하 구조이다. 이 경우를 로켓과 비교하자면, 화성이나 수성과 같이 작은 행성의 중력계 안에서 초속 11킬로미터 정도로 비행하는 로켓이다. 우주의 총 질량이 만든 중력이 우주 팽창을 막기 힘들다는 뜻이다.

반대로 우주의 밀도가 임계 밀도보다 크다면, 즉 Ω가 1보다 크다면, 우리 우주는 결국 팽창을 멈추고 수축하게 될 것이다. 이렇게 충분히 큰 중력장의 효과로 팽창을 수축으로 전환할 수 있는 우주를 '닫힌 우주closed universe'라고 부른다. 이 경우 우주는 양+으로 휜 '닫힌' 기하를 갖기 때문이다. 우주에 다른 특별한 에너지가 없다면11강 참조 닫힌 우주는 재수축하지만, 닫힌 우주라는 이름의 기원은 재수축하는 성질이 아니고 양으로 휜 기하 구조이다. 이 경우는 물론, 목성과 같이 큰 행성에서 약 초속 11킬로미터로 나는 로켓에 해당한다.

우주가 정확히 임계 밀도를 가지는 경우, 즉 Ω=1는 '편평한 우주flat universe'라고 부른다. 우주의 기하가 편평하다는 뜻이다. 부록에 첨부했지만 편평한 우주의 이름이 오해를 많이 낳는다. 그 용어가 마치 우주의 팽창이 먼 훗날에는 정지할 것 같은 느낌을 주지만, 절대로 그렇지 않다. 편평한 우주는 그 기하 구조를 말하는 것이고, 실제로는 계속 팽창한다.

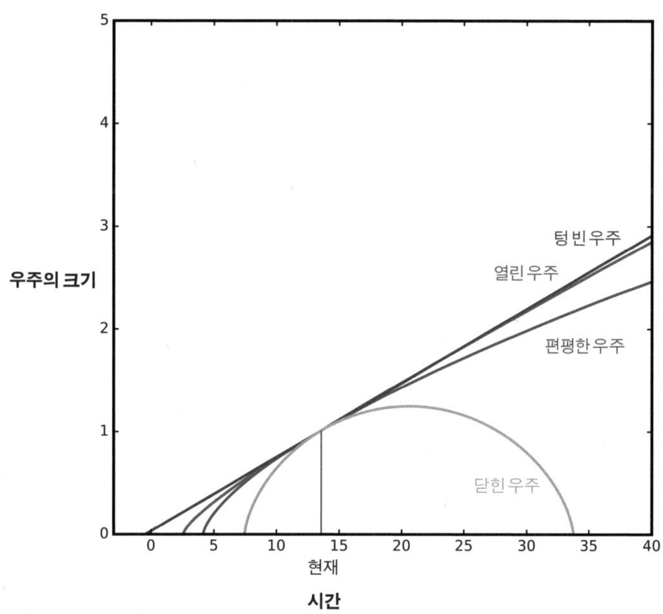

다양한 우주 팽창 모형

이처럼 우주는 공간에 담긴 질량또는 에너지의 크기에 따라 임곗값보다 작으면 열린 우주, 같으면 편평한 우주, 크면 닫힌 우주가 된다.117쪽 그림 참조

아인슈타인의 일반 상대성 이론에 따르면, 우주 공간은 물질이 존재해야 비로소 정의가 되고 그 물질의 양에 따라 모습이 달라진다. 공간의 모습뿐만 아니라 시간이 흐르는 방법까지도 우주에 존재하는 물질의 양에 따라 달라진다. 공간의 모습이라니. 공간은 그냥 사과 상자 같은 공간 아닌가 하겠지만 그렇게 간단하지가 않다. 상대성 이론에 따르면 우주의 밀도가 임계 밀도보다 작으면, 그러한 우주의 공간은 '음-'으로 휘었다고 하고, 더 크면 '양+'으로 휘었다고 한다. 정확히 임계 밀도를 가질 때, 우주 공간은 비로소 우리가 보통 알고 있는 평범한 모습의 공간 형태를 갖게 되는데 이를 '편평하다'고 한다.

도대체 휜 공간은 어떤 모습일까? 우리는 3차원 공간 속에서 살고 있으므로 3차원 공간이 휜 경우를 상상하기 어렵다. 3차원 공간이 휘었는지 아닌지 어떻게 휘었는지 알려면 그보다 고차원에서 내려다봐야 하기 때문이다. 예를 들어 2차원 평면의 경우, 편평한 평면과 휘어진 평면을 한 차원 높은 3차원적 공간에 살고 있으므로 인지할 수 있다. 따라서 나는 이 강의에서 여러분에게 휜 3차원 공간의 모습을 알려 줄 수는 없다. 하지만 2차원 평면을 사용해 이해를 도울 수는 있다. 휘어진 3차원 공간은 휘어진 2차원 평면과 비슷한 구석이 있기 때문이다.

중학교 수학 시간에 편평한 평면, 즉 휘지 않은 평면은 다음과 같은

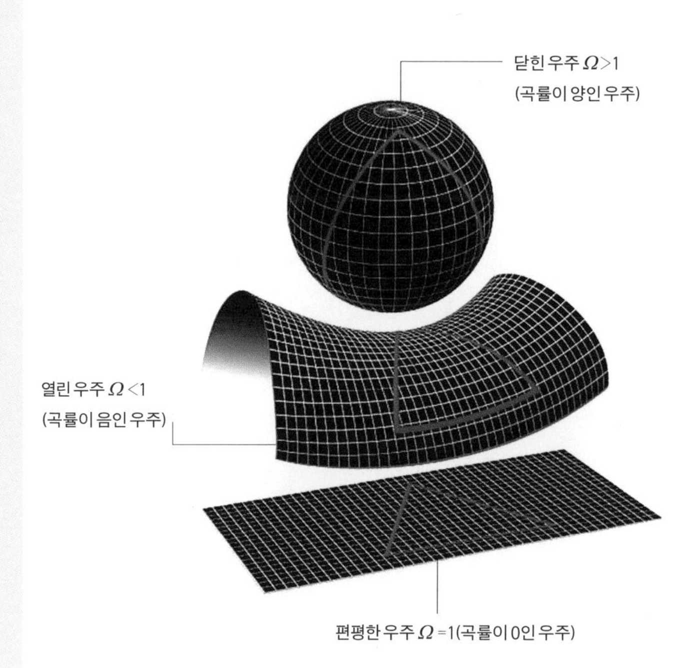

우주공간의 곡률. 우주의 밀도에 따라 공간이 휜다.

성질을 만족한다는 것을 배웠을 것이다.

가) 삼각형의 내각의 합은 180도이다.

나) 원의 둘레 C는 반지름 r에 2π를 곱한 값이다. 원주율을 나타내는 기호인 π는 파이라고 읽고, 그 값은 약 3.14이다. 원의 둘레를 수학적으로 표현하면 $C=2\pi r$ 이다.

다) 원의 면적 A은 반지름 r의 제곱에 π를 곱한 값이다. 즉 $A=\pi r^2$이다.

그런데 휘어진 평면은 이런 조건을 만족하지 못한다. 우선 공의 표면, 구면을 보자. 공의 표면에 삼각형을 그리면 그 내각의 합은 언제나 180도보다 크고, 원의 둘레는 $2\pi r$보다 작고, 원의 면적은 πr^2보다 작다. 이것이 바로 곡률이 양인 평면이다. 고밀도의 닫힌 우주가 이것에 해당한다. 이 구면에 반대되는 것이 서부 영화에 많이 나오는 말안장의 표면이다. 말안장 표면에 그려진 삼각형 내각의 합은 180도보다 작고, 원의 둘레는 $2\pi r$보다 크며, 원의 면적은 πr^2보다 크다. 음의 곡률을 가진 평면으로 저밀도의 열린 우주가 이것에 해당한다.119쪽 그림 참조

이처럼 우주의 밀도는 우주의 미래를 알려 주는 데 그치지 않고, 우주 공간의 휘어진 상태곡률 또한 결정한다. 이제 정리를 해 보자.

지금 관측되는 것과 같이, 또한 빅뱅 핵합성 이론의 설명처럼 우주의 물질 밀도가 희박해서 임계 밀도의 4퍼센트 정도밖에 안 된다면, 우리 우주는 저밀도의, 음의 곡률로 휜 끝없이 팽창하는 열린 우주가 된다. 열린 우주는 공간적으로 계속 팽창해 나가지만 그렇다고 그 안

에 있는 은하와 별들도 함께 부풀어 오르는 것은 아니다. 왜냐하면 별들이 모여 있는 은하의 경우, 별들 사이의 만유인력이 우주 팽창의 영향보다 훨씬 크기 때문이다. 우주의 팽창에 직접적인 영향을 받게 되는 가장 작은 구조는, 은하가 많이 모여 있지 않은 보이드void, '빈터'라고 번역하기도 한다.와 같은 지역인데, 보이드는 우주의 팽창과 함께 점차 부풀어 더욱 텅 빈 구조를 가지게 될 것이다. 보이드에 대해서는 15강에서 설명하겠다.

우주가 만일 지금 관측되고 있는 것보다 훨씬 많은 물질과 에너지로 가득 차 있어서 임계 밀도를 넘는 밀도를 갖고 있다면, 우주는 고밀도의, 양의 곡률로 휜, 언젠가는 팽창을 멈추고 다시 수축하는 닫힌 우주가 된다. 닫힌 우주에서는 결국 은하와 별들까지도 서로 가까워지고 심지어 충돌하게 되어 우주 전체가 초기 우주의 상태와 같이 다시 고온, 고밀도의 상태로 돌아가게 된다. 이러한 결말을 '대수축big crunch'이라고 부른다. 우주가 대수축을 맞이할 때까지 인류가 앞으로 수백억 년 동안 살아남는다면 그야말로 지옥이 따로 없는 상황을 겪을 것이다. 그러나 그런 일은 벌어지지 않을 것이다. 왜냐하면 15강에서 설명하겠지만, 그것보다 훨씬 먼저, 앞으로 약 50억 년이 지나면 태양이 적색 거성으로 부풀어서 지구를 삼키고 지구는 섭씨 3,500도의 불가마 안으로 들어가게 되어 지표면에 사는 모든 생명이 소멸하고 말 것이기 때문이다.

나는 우리 우주가 편평한 우주이기를 바란다. 머릿속으로 상상할 수 있고 눈에혹은 망원경에 보이는 대로의 우주가 실제의 우주이기를 바라기 때문이다. 다음 강의에서 설명하겠지만 편평한 우주만이 오래 지속될 수 있는 아름다운 우주이다.

그러나 빅뱅 핵합성 이론과 별과 은하의 수를 고려할 때 우리 우주는 밀도가 매우 낮은 열린 우주처럼 보이는 듯하다. 우리가 눈으로 보는 것과는 다르게 휘어 있는 괴상망측한 우주이자 끝없이 팽창하기만 하는 우주.

우리는 다음 강의에서 이러한 우주는 탄생 자체가 의심되는 매우 비과학적인 우주라는 것을 깨닫게 될 것이다.

● 카네기 천문대

미국 캘리포니아의 패서디나에 위치한 카네기 천문대는 허블이 평생을 몸담고 연구했던 관측 천문학의 메카이다. 소수 정예만을 고집하는 이 연구소는 늘 20명 정도의 적은 연구원으로 살림을 꾸려 가고 있지만 각각은 그 분야를 대표하는 인물들이다.

허블을 비롯해 그의 뒤를 이은 20세기 후반 최고의 관측 우주론가 앨런 샌디지Alan Sandage, 은하 분류의 전문가 앨런 드레슬러Alan Dressler, 허블 상수 측정으로 유명한 웬디 프리드만Wendy Freedman, 블랙홀 연구로 유명한 루이스 호Luis Ho 등이 모여 있는, 관측에 관한 한 2등과는 격차가 큰 1등 연구소이다. 사실, 앞서 이야기한 우주의 운명에 관한 연구는 1988년에 「우주 모형에 대한 관측적 검증」이라는 전설적인 논문을 쓴 샌디지가 집대성했다고 볼 수 있다. 나도 이 논문으로 우주론을 공부했다.

카네기 천문대는 세계 최고의 관측 시설인 마젤란 망원경을 보유하고 있고, 가까운 미래에 25미터 구경의 세계 최대 망원경인 대마젤란 망원경 건설을 계획하고 있다. 한국도 이 계획에 참여해 총 관측 시간의 10퍼센트 정도를 사용할 계획이며, 이로 인해 한국 천문학계의 위상은 세계적으로 드높아질 것이다.

카네기 연구소에서 열린 세미나에서 발표를 한 적이 있다. 당시 박사 학위를 받은 지 2년밖에 안 된 터라 세상이 다 내 것인 양 자신감 넘치는 모습으로 발표하는 나에게, 이곳의 나이 지긋하신 박사님들이 보내 주신 미소는 지금도 생생하게 기억하고 있다. 한 시간 동안의 발표가 끝나고 질의응답 시간이 되었는데, 드레슬러 박사가 "내가 원래 조금 거칠고 날카로운 질문을 하기로 유명한데……." 하며 질문을 시작했다. 그런데 원래 그분 성격을 익히 들었기에, 나도 모르게 "알고 있습니다." 하고 대답해 버리고 말았다. 좌중은 폭소하고 나는 몸 둘 바를 모르고 서 있는데, 드레슬러 박사가 "내가 그렇게 유명한 줄은 몰랐네." 하며 웃음으로 넘겨 주어 위기를 모면한 적이 있다. 그러고는 쏟아진 날카로운 질문들이 나를 울렸다 웃겼다 하며 흥분의 도가니로 몰고 갔다. 세계 유수의 기관에서 100여 차례 세미나를 해 봤지만, 카네기에서의 세미나만큼 재미있었던 적은 없었다.

루이스 호 박사가 내 연구실을 방문한 적이 있다. 갑자기 엉뚱한 생각이 들어, 그가 세미나를 마친 후, 교수들은 빠지고 루이스 호 박사와 학생들만 참여한 토의 시간을 갖게 했다. 학생들의 활발한 질의응답을 기대했기 때문이다. 두 시간가량

의 토의가 끝난 후 내 연구실로 돌아온 루이스 호 박사는 몇 번이나 감탄했다. 한국 학생들의 학문에 대한 열정과 탄탄한 기초 지식이 인상적이었다고. 아직은 국제 천문학계의 변방에 있는 한국의 천문학이 곧 세계를 주름잡을 날이 올 것이다.

l e c t u r e
8

빅뱅 우주론은 완벽하지 않았다

1920년 말 허블의 우주 팽창 발견, 1960년대 우주 배경 복사의 발견, 1950년대부터의 이론 연구와 1980년대의 관측 연구를 통해 완성된 빅뱅 핵합성 이론 등은 빅뱅 우주론을 현존하는 최고의 우주론으로서 자리매김하게 만들었다. 하지만 빅뱅 우주론에도 문제는 있었다. 그것도 매우 심각한 문제가 말이다. 빅뱅 우주론의 문제들은 1970년대 후반과 1980년대 초반 집중적으로 제기되었다. 그중 가장 중요한 문제 세 가지를 이번 강의에서 다루어 보자.

우주의 지평 문제

석사 과정 두 해 동안 우주의 운명에 관한 연구에 혼신의 정열을 바쳤던 나한별 군은 드디어 훌륭한 석사 논문을 마치고 학위를 받은 후

머리도 식힐 겸 여행을 떠나기로 한다. 어디로 갈까? 미국? 너무 흔하다. 호주? 친구들이 벌써 다녀왔어. 체코? 겨울에 너무 춥대. 아, 브라질이 어떨까? 삼바 춤과 축구의 나라 브라질은 모든 사람이 궁금해하면서도 실제로 가 보기는 힘들지. 한국이 겨울일 때 따뜻한 브라질은 진정한 배낭 여행이 가능한 곳이지 않은가. 가 보자. 장학금을 저축한 것으로 비행기 표도 사고, 수영복도 준비하자.

상파울루에서 이틀을 지내고 세계 3대 미항으로 유명한 리우데자네이루를 향해 발길을 돌린다. 짧게 '리우'라고도 불리는 이곳의 해변은 정말 아름답다. 언덕 위의 팔 벌린 예수상을 보니 브라질에 온 것이 실감난다. 언뜻 보면 우리나라의 부산과 닮은 리우의 시민들은 낙천적인 브라질 국민을 대표하는 듯하다. 해변을 걷다가 솜사탕 장수를 발견하고 다가가는 순간, 한별이는 기겁을 하고 뒷걸음질 친다. 솜사탕 장수가 한별이와 똑같이 생겼다. 너무 놀라 실신할 뻔했다. 정신을 가다듬고 솜사탕 장수에게 다가가 질문한다. "너 도대체 뭐야?" 그런데 한별이만큼 놀란 솜사탕 장수는 한국말 모른다고 고개를 갸우뚱할 뿐이다. "아, 두 유 스피크 잉글리시?" 하고 다시 물었더니 "예스 어 리틀 빗." 하고 답한다. 이름이 뭐냐고 물었더니 호마리우란다. "너 왜 나랑 똑같이 생겼어?" 하고 물으니 되려 내게 반문한다. 부모님 중 한국 사람이 있냐고 물으니 없단다. 허허. 이게 웬일인가. 그렇다면, 호마리우와 한별이는 서로 닮을 이유가 없다. 염색체를 공유하기에는 너무 멀리 떨어져 있지 않은가!

그런데 이러한 일이 빅뱅 우주 안에서도 벌어진다. 4강에서 배운 우주 배경 복사가 바로 그것이다. 우주 배경 복사는 빅뱅 우주론의 가장 강력한 증거로 사용되지만, 빅뱅 우주론에 가장 큰 위협이 되기도 한다. 4강에 있는 그림처럼, 우리 은하를 중심으로 최후의 산란면을 그려 보면 최후의 산란면의 한쪽 끝과 다른 한쪽 끝은 그 정의상 서로 같은 정보를 공유한다. 즉 A 지점과 B 지점의 온도가 절대 온도 3도이고, 심지어 주변 지역과의 온도 변이의 크기는 10만분의 1 정도로 동일하다. 이렇게 우주 모든 방향에 동일하게 관측되는 우주 배경 복사는 우리 우주가 한때 훨씬 더 뜨거운 우주였다는 빅뱅 우주론의 증거이다.

그런데 A 지점과 B 지점에서 날아와 우리에게 지금 관측이 된 우주 배경 복사의 광자는 우주의 나이만큼의 시간 동안 날아온 것이다. 더 정밀하게 말하자면, 137억 년에서 최후의 산란이 일어난 때의 우주 나이 38만 년을 뺀 136억 9962만 년 동안 날아온 것이다. 그런데 나를 중심으로 서로 대칭적으로 위치한 A 지점과 B 지점은 어떻게 같은 온도와 같은 온도 변이를 가지고 있는 것일까? 우주에서 가장 빠른 속도인 빛의 속도로 정보를 교환해도, A와 B가 서로 정보를 교환하기에는 우주 나이의 두 배만큼의 시간이 필요하지 않은가.

여기서 우리는 정보를 교환한다는 것, 그리고 정보 교환에 필요한 시간의 의미를 짚어 볼 필요가 있다. 왜냐하면 우리 우주에서 정보 교환과 상호 작용은 빛의 속도보다 더 빨리 일어날 수 없기 때문이다. 아무리 짧다 하더라도 정보 교환과 상호 작용에는 시간이 걸린다.

나는 어렸을 때, 지금은 사라진 동대문 운동장에서 야구 경기를 본 적이 있다. 경기가 한참 무르익고 있는데, 나는 다른 것에 정신이 팔려 있었다. 나는 1루 측에 앉아 있었고, 상대편 응원단 중의 일부가 외야석에 자리 잡았다. 그런데 그들의 응원이 이상했다. 눈으로 보이는 박수 동작과 내 귀에 들리는 박수 소리가 서로 일치하지 않는 것이 아닌가. 그때 문득 친구 집에서 읽은 어린이 월간지의 기사가 생각났다. 소리의 속력음속은 대략 초속 340미터라고. 박수 소리가 박수치는 것보다 3분의 1초 이상 늦게 들린다는 것은 야구장의 크기가 대략 100미터라는 말이네. 눈으로 야구장을 대충 봤더니 그럴듯한 것 같았다.

그렇다. 우리가 목소리나 나팔 소리를 이용해 정보를 전달할 때 그 정보는 순식간에 상대방의 귀에 들어가는 게 아니라 음속에 따른 시간이 걸린다. 마찬가지로 손전등이나 등대를 이용해 정보를 전달할 때도 광속초속 30만 킬로미터보다 빨리 정보를 전달할 수 없다. 모든 정보 전달에는 시간이 걸리는 것이다. 그리고 그 정보가 처음 발신된 시간에 따라 그 정보가 어떤 시점에 어디까지 전달되었는지 하는 범위가 결정된다. 우주 초창기 온도 분포에 대한 정보를 담고 있는 우주 배경 복사는 빛이므로 빛의 속도로 정보를 나르고 그에 따른 정보 전달 범위를 갖는다.

우주의 나이 범위 안에서 서로 정보를 교환할 수 있는 범위의 한계를 '우주의 지평'이라고 부른다. 우주의 지평의 크기는 대략 우주의 나이에 광속을 곱하고 또 3을 곱한 값이다. 3을 곱하는 이유는 빛이 우주 공간을 항해하는 동안에도 우주는 꾸준히 팽창하기 때문이다. 즉 우주의 나이가 1년이었을 때 우주의 지평은 3광년, 우주 나이 1억 년이었을 때 우주의 지평은 3억 광년, 그리고 지금 137억 년이 된 우주의

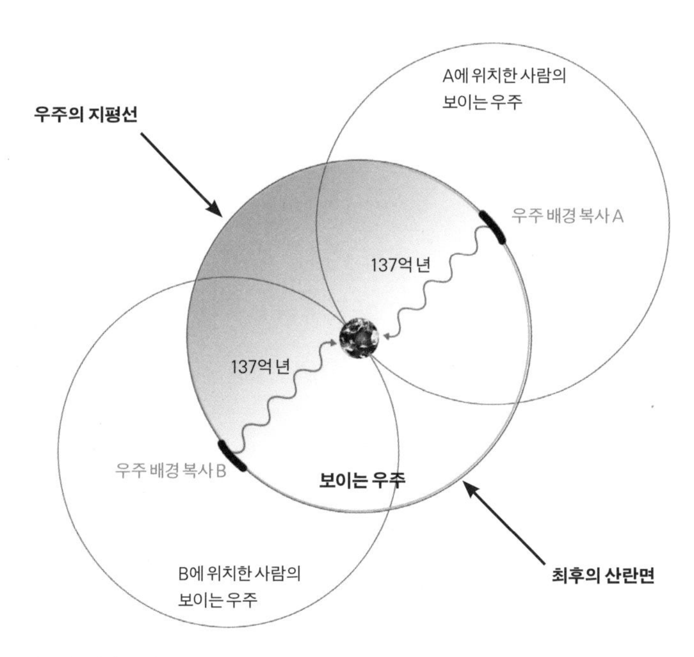
A에 위치한 사람의
보이는 우주
우주의 지평선
우주 배경 복사 A
137억 년
137억 년
우주 배경 복사 B
보이는 우주
최후의 산란면
B에 위치한 사람의
보이는 우주

우주의 지평 문제

지평은 약 411억 광년이다.

빛이 도달할 수 있는 한계인 우주의 지평 밖에 위치하는 사건들은 서로 인과 관계가 성립되지 않는다고 말할 수 있다. 앞에서 말했듯이 우리 우주에서는 광속보다 빠르게 상호 작용할 수 있는 존재는 그것이 에너지든, 물질이든, 복사든, 힘이든 존재하지 않기 때문이다. A와 B는 서로 약 822억 광년 떨어져 있으므로, 우주의 지평411억 광년을 훨씬 넘어서 있고, 우주의 나이와 비교할 때 서로 정보를 주고받을 시간이 턱없이 부족했다. 인과 관계가 끊어져 있는 것이다. 그런데도 이상하게 서로 같은 온도와 같은 온도 변이를 보인다. 빅뱅 우주론의 가장 큰 암초인 이 현상을 '우주의 지평 문제'라고 부른다.

편평도의 문제

137억 년 전 어느 날, 신이 그의 딸에게 예쁘고 생명이 넘치는 우주를 만들어 주기로 약속을 한다. 단, 우주가 잘 태어나 자랄 수 있기 위해서 신의 딸은 '초기 우주'의 밀도를 정해 주어야 한다. 7강에서 이야기한 것처럼, 신의 딸도 우주의 밀도가 임곗값보다 낮으면$\Omega < 1$ 열린 우주가 되어 급격히 팽창하기만 하고, 임곗값보다 높으면$\Omega > 1$ 재수축을 하는 닫힌 우주가 될 것을 알고 있다.

"흠, 어떤 값을 선택해야 할까? 편평한 우주$\Omega = 1$를 만들어야 하는데, 인간들이 사는 우주의 임계 밀도는 1세제곱미터당 수소 원자 5개 정도에 해당한다고 했지. 그러면 내 우주는 1세제곱미터당 수소 원자 500개로 해 볼까?" 하고 신의 딸이 말했더니, 신은 "틀렸어. 그런 우주는 순식간에 팽창해서 빅뱅 핵합성도 안 되고, 우주 거대 구조나 은하의 형성도 안 되어, 텅 빈 우주로 팽창만 계속해서 생명이 깃들 수 없어." 신의 딸이 다시 선택한다. "그럼 3000만 개.", "그래도 마찬가지 텅 빈 우주야." 그래서 이번에는 스스로 셀 수도 없는 무지무지 큰 수를 선택했더니, 신이 말했다. "그런 우주는 팽창하다가 금방 다시 재수축해서 우주로서 발전해 나갈 수 없어."

이렇게 신의 딸이 100번을 시도한 끝에 아름다운 우주를 만들 수 있었다고 치자. 여러분은 어떻게 생각하는가? "흠, 우주 만들기가 쉽지 않군." 하고 말할 것이다. 100번이 아니라 1억 번을 시도해야 했다면? "와! 빅뱅으로 우주 만들기가 뭐 그리 어려워?" 1억 번이 아니라 1억의 1억의 1억의 1억의 1억의 1억 번을 선택해서 겨우 지금과 같은 우주를 하나 만들 수 있었다면 뭐라고 할까? "흠, 이 방법으로는 우주를 만드는 것은 불가능한 거 아냐?" 하지 않겠는가? 그런데 안타깝게도 이것이 현재 빅뱅 우주론의 현실이다.

빅뱅은 플랑크 시간10^{-43}초 이전에 일어났다. 그러나 우리는 플랑크 시간 이전에 어떤 일이 일어났는지 알 수 없다. 게다가 우주의 어느 성질도 플랑크 시간 이전에는 결정될 수 없다. 우주의 성질은 플랑크 시간 이후에 양자 역학적 요동quantum fluctuation과 함께 결정되며, 이 값은 누구도 완벽하게 예측할 수 없다. 우주의 밀도 역시 이렇게 결정되었다. 그렇기에 신의 딸조차 그럴듯한 우주를 만드는 데 그렇게나 많은 시험용 빅뱅을 일으켜야 하는 것이다. 지금과 같은 우주 하나를 만

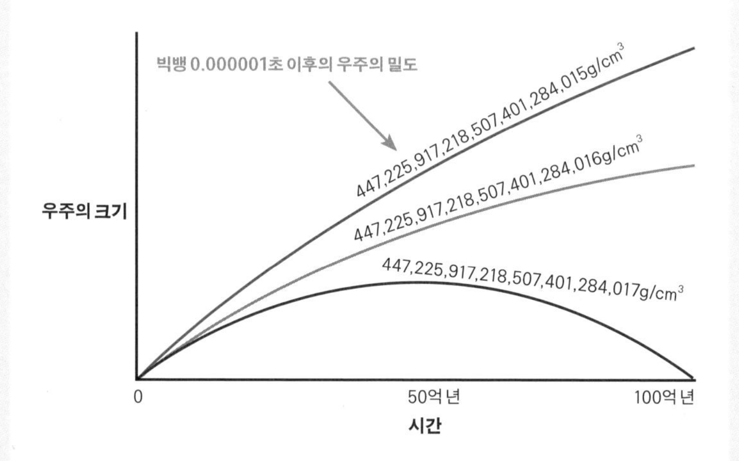

편평도의 문제. 우주의 나이 100만분의 1초일 때, 우주의 물질 밀도가 아주 조금만 달랐어도 지금의 우주는 존재할 수 없다. 왜 우리 우주는 이토록 신묘한 밀도를 가지고 시작된 걸까?

들기 위해 수없이 많은 시도와 실패가 전제되어야 하는 것이다.

쉬운 예를 들어 보자. 우주의 나이가 100만분의 1초였을 때 우주의 밀도를 결정해 보자. 이 어린 우주를 편평하게 $\Omega = 1$ 만드는 밀도는 1세제곱센티미터당 447,225,917,218,507,401,284,016그램이다. 그런데 만일 신의 딸이 선택한 밀도가 이 값에서 끝자리 수 하나만 달라져도, 즉 447,225,917,218,507,401,284,017그램이거나 447,225,917,218,507,401,284,015그램이면, 편평한 우주는 어림도 없다. 물론 임계 밀도에서 더 많이 벗어난 밀도를 사용하면, 우주는 너무 빨리 팽창하거나 수축해 버린다.

"장난감 총으로 이 표적을 맞히면 곰 인형을 상품으로 드립니다." 하고 외치는 게임장에서 표적을 맞힐 확률이 1억의 1억의 1억의 1억의 1억분의 1이라면 이 게임은 게임으로서 매력이 없을 것이다. 마찬가지로 소위 우주를 가장 잘 설명한다는 빅뱅 우주론으로 실제 우리가 보고 있는 모습의 우주를 만들려면 셀 수 없을 만큼의 시도를 해야 한다면, 빅뱅 우주론은 수학적으로 매력이 없는 이론이 되고 말 것이다.

그런데 이 문제를 해결할 방법이 하나 있다. 빅뱅 우주론에 따르면, 초기 우주가 무슨 이유에서였든지 간에 정확하게 임계 밀도를 가졌다면 $\Omega = 1$, 한번 편평한 우주는 영원히 편평하게 유지된다. 다시 말해 초기에 편평하게 출발한 우주는 늘 편평하게 팽창하며 발전하고, 임계 밀도에서 조금이라도 크거나 작으면 그런 우주는 곧 재수축하거나 생명이 없는 텅 빈 우주로 변한다.

오로지 편평한 우주만이 안정적인 우주라는 이야기인데, 지금까지 관측된 우리 우주의 밀도는 임계 밀도의 4퍼센트밖에 안 되므로 열린 우주이다. 즉 우리 우주는 태어나고 발전해 나갈 확률이 거의 없는 말이 안 되는 우주인 것이다. 이것을 '우주 편평도의 문제'라고 한다.

사족을 달자면, 내가 처음 우주론을 접하게 된 대학교 새내기 시절 여러 책에서, 그리고 선배들에게 배우기를 편평한 우주만이 아름다운 우주라고 했다. 그런데 도대체 아름다운 우주가 무엇을 의미하는지는 알 수가 없었다. 이제 생각해 보니 그것은 바로 편평도의 문제에 관한 것이었다. 우주가 지금 편평하지 않다면 그런 우주는 우주 초기에 비현실적인 정밀도로 밀도가 결정되어야 하고 이는 자연스럽지 못한 것이다. 반면 편평한 우주는 누구의 간섭도 필요 없이 늘 편평하게 유지되며 갑작스러운 팽창이나 수축 없이 서서히 팽창하는 안정적인 계system이다. 많은 우주론 연구자가 편평한 우주를 아름답다고 말했던 그 의미를 이제야 알게 되었다.

이 문제를 전혀 다른 각도에서 보는 사람도 있다. 아무리 확률이 낮은 사건이라 할지라도 아무 문제가 없다는 것이다. 여러 번의 우주 탄생 시도가 실패로 돌아간 후 우리 우주가 탄생했고, 그 속에서 우리 인류가 등장해 "어떻게 이렇게 존재하기 힘든 우주에 우리가 살고 있지?"라고 질문한다는 것이다. 여러분에게 "앞으로 대통령이 될 것이라고 믿는 분 손 들어 보세요." 했을 때 대부분의 사람들은 "에이, 내가 무슨 대통령?" 할 것이다. 그런데 실제로 대통령이 된 분이 아침에 일어나 "어떻게 내가 대통령이 되었지? 혹시 뭐가 잘못된 것 아니야? 내가 혹시 꿈꾸고 있는 것 아니야?" 하고 질문을 했다고 해 보자. 아무리 대통령이 되기 어렵다고 해도 그는 엄연히 대한민국의 대통령이고 대통령이 되었기에 이 질문이 가능한 것이다.

요약하자면 우리가 이렇게 탄생 확률이 낮은 우주 안에서 사는 것이 가능했을까 묻는 것은 이미 우리가 그런 우주 안에 살게 되었기 때문에 가능하다는 것이다. 우주가 지금의 우주를 만들기에 꼭 적합한 밀도를 가지고 출발했다는 뜻이기도 하다. 이렇게 인간 중심의 관점으로 우주의 역사를 보는 시각을 일컬어 '인류 원리anthropic principle'라고 한다.

그럼 우주론 전문가들은 인류 원리에 대해 어떻게 생각할까. 내가 옥스퍼드 대학교에 있을 때, 블랙홀 연구로 유명한 수학과의 로저 펜로즈 교수의 강연을 들을 기회가 있었다. 존재할 확률이 희박한 우주의 역사에 대한 감동적인 강연을 마친 후 질의응답 시간에 나는 인류 원리에 대한 견해를 물어보았다. 펜로즈 교수는 인류 원리는 나름대로 논리적이고 일리가 있지만 과학적인 견해라고 보기는 힘들다고 대답했다. 충분히 동의할 만한 설명을 들은 후부터 나도 그와 같이 생각하고 있다.

조금 다른 측면에서 이 문제를 생각해 볼 수도 있다. 앞서 3강에서 언급한 바와 같이, 빅뱅 '이전'이라는 개념은 존재하지 않는다. 시간조차도 빅뱅의 산물이기 때문이다. 그렇다면 신의 딸이 지금의 우주를 만들기 위해 무수한 시도를 했더라도 시간을 초월한 신의 딸에게는 큰 문제가 되지 않았을 수도 있다.

과학적으로 말하자면, 만일 우리 우주를 포함하는 초우주가 있고 그 초우주는 우리 우주 안에서 정의된 시간의 제약을 받지 않는다면, 초우주 안에서 우리 우주를 만들기 위한 시도가 수없이 있었더라도 전혀 문제될 것이 없는 것이다.

하지만 인류 원리와 마찬가지로 초우주라는 개념 또한 우리 우주 내에서 과학적으로 탐구할 수 있는 범위를 벗어나므로 과학적으로 가치 있는 논제라고 말하기는 어렵다. 오히려 철학이나 신학에 가깝다고 볼 수 있다. 따라서 우주 편평도의 문제는 아직도 빅뱅 우주론으로는 설명하기 어려운 난제로 남아 있다.

원시 입자의 문제

빅뱅 우주론은 우주의 지평 문제와 우주 편평도의 문제뿐만 아니라 또 다른 어려운 문제를 끌어안고 있었다. 이것을 비유를 통해서 설명해 보자.

한 교수가 이번 학기 동안 열심히 공부한 학생 100명에게 보물찾기를 통해 선물을 준다고 약속했다. 그리고 보물을 숨긴 후 학생들에게 찾아보라고 했다. 그런데 학생들이 하루 온종일 찾아 헤맸지만 단 하나의 보물도 찾지 못했다. 왜일까? 학생들이 원인 분석에 들어갔다. 첫째, 사실은 교수님이 보물을 숨기지 않았다. 거짓말을 한 것이다. 둘째, 우리가 100명이니 100개의 보물이 있을 거라고 예상했는데 혹시 훨씬 적은 수의 보물을 숨겼을 수도 있다. 셋째, 보물이 찾기 힘든 곳에 있었을 수도 있다. 예를 들어 땅 속에 파묻었든지, 나무 꼭대기에 올려

놓았든지. 넷째, 보물이 우리 눈에는 안 보이는 것이었을지도 모른다. 엑스선이나 적외선으로만 보이는 그런 것 말이다. 다섯째, 학교나 연구실 주변에 보물이 있을 거라고 생각했는데, 혹시 훨씬 더 먼 곳에 보물을 숨겼을 수도 있다. 학생들이 서로 다른 의견을 제시하며 불만을 토로했다. 빅뱅 우주론에도 바로 이러한 문제가 있다.

5강에서 살펴본 바와 같이, 빅뱅 초기에는 우주가 매우 뜨거웠다. 입자 물리학 이론에 따르면, 우주의 나이가 약 10^{-34}초였을 때, 즉 대통일력이 지배하던 시기에 엄청난 질량을 가진 자기 단극자magnetic monopole라는 원시 입자들이 탄생했다고 한다. 그 질량은 수소 원자의 100억 배 정도일 것이라고 추측된다. 현재 우리가 알고 있는 그 어떤 원자보다 월등히 무거운 것이었다. 참고로 몸무게 70킬로그램인 사람은 자기 단극자보다 억 곱하기 억 곱하기 400배 정도 더 무겁다. 그러니 염려 마라. 바위 덩어리 같은 원시 입자들이 우주 공간 속을 무작위로 돌아다니는 것은 아니니까.

여하튼 입자 물리학에 따르면 이때 탄생한 원시 입자들은 우주의 팽창 과정 중에도 비교적 안정하게 존재해야 한다. 그 개수에 대한 예측은 분분한데, 수소와 같이 우리가 일반적으로 알고 있는 보통 입자보다 훨씬 더 많은 수의 원시 입자가 존재할 것으로 예측된다. 그런데 문제는, 1970년대부터 스퀴드SQUID 프로젝트를 비롯한 다양한 실험을 통해 원시 입자의 발견을 시도했지만 지금까지 발견된 원시 입자가 단 하나도 없다는 것이다. 왜일까? 우주론 연구자들은 보물찾기에 참여했다가 실망만 한 학생들 꼴이 된 것이다. 학생들처럼 우리도 원시 입자를 못 찾은 이유를 분석해 보자.

첫째, 원시 입자 자체가 존재하지 않았을지도 모른다. 입자 물리학 이론이 틀린 것이다. 뭐 틀렸다고 하면 그만일 것 같지만, 문제가 그리 간단하지 않다. 왜냐하면 입자 물리학 이론은 이미 다양한 실험을 통해 성공적으로 증명된 이론이기 때문이다.

둘째, 예상되는 원시 입자의 수가 실제보다 너무 심하게 과장되어 있는 것은 아닐까? 이 역시 입자 물리학 이론에 대한 도전이며, 현재까지는 입자 물리학 이론이 크게 실험 결과를 벗어난 적이 없으므로 이 추측이 신빙성 있다고 말하기는 어렵다.

셋째, 혹시 원시 입자들이 우리가 관측하기 힘든 곳에 몰려 있는 것은 아닐까? 예를 들어 원시 입자들을 중심으로 별이나 은하가 생겨서, 지금은 거의 모든 원시 입자가 별이나 은하의 중심부, 즉 관측이 매우 어려운 곳에 있을 수도 있다는 것이다. 우주에 산재하고 있는 블랙홀 속에만 있을 수도 있다. 큰 은하들의 중심에는 태양 질량의 수억 배에 달하는 질량을 가진 초거대 블랙홀이 존재하는데 그 기원을 알지 못한다고 하지 않는가. 만일 이게 사실이라면, 원시 입자는 정말 관측하기 힘들 것이다. 하지만 원시 입자가 이렇게 우주의 작은 지역에만 몰려 있을 이유가 별로 없다.

넷째, 혹시 원시 입자가 관측되기 힘든 성질을 가지고 있지는 않을까? 스퀴드 실험은 자기 단극자라는 원시 입자를 찾는 실험인데, 만일 원시 입자가 우리의 생각과는 많이 다른 모습과 성질을 가지고 있으면 현재로서는 찾기 힘들 수도 있다. 이것 역시 입자 물리학 이론가에게

맡기는 수밖에 없다.

마지막으로, 예상되는 수의 원시 입자들이 우리가 찾고 있는 영역보다 훨씬 더 큰 영역에 분포하고 있는 것은 아닐까 하고 생각해 볼 수 있다. 예를 들어 우주 초기에 원시 입자가 1억 개 만들어졌다고 치자. 그리고 단순 팽창을 통해 우주의 부피가 1억 배 커졌다고 치자. 그러면 단위 부피당 개수로 나타낸 원시 입자의 개수 밀도는 1억분의 1로 작아졌을 것이다. 그런데 우주의 부피 팽창이 우리의 예상보다 훨씬 더 컸다면, 실제의 원시 입자의 개수 밀도는 예상보다 많이 작을 것이다. 아무튼 도대체 무슨 이유로 원시 입자들이 하나도 발견되지 않고 있는 것일까?

우주의 지평 문제, 편평도의 문제, 원시 입자의 문제, 이 세 문제는 승승장구하던 빅뱅 우주론에 치명적인 도전장을 내밀었다. 우주의 지평 문제는 인과 관계에 관한 문제이므로 원론적인 문제이고, 편평도의 문제는 우리 우주가 과연 있을 법한 우주인가에 관한 물리적 해의 신빙성에 대한 문제이며, 원시 입자의 문제는 입자 물리학 이론에 대한 새로운 도전이라는 점에서 각각 의의를 지닌다. 따라서 1970년대 후반까지도 대부분의 과학자들은 한편으로는 빅뱅 우주론의 매력을 인정하면서도 계속 찜찜한 마음을 떨쳐 버릴 수가 없었다.

● 파리 천체 물리 연구소

일명 IAPInstitut d'Astrophysique de Paris로 통하는 파리 천체 물리 연구소는 프랑스를 대표하는 천문 연구 기관이다. 항성 핵융합 이론을 연구하는 장 오두즈Jean Audouze, 은하 진화 이론을 연구하는 내 친구 미셸 피옥Michel Fioc과 브리짓 로카볼머랑주Brigit Rocca-Volmerange, 우주의 역학적 진화를 연구하는 스테판 콜롬비Stephane Colombi, 우주 배경 복사 연구하는 프랑수아 부셰Francois Bouchet 등이 속해 있는 이곳은 은하 연구의 산실이며, 수리 우주론의 명가이다.

로카볼머랑주 박사의 초대를 받아 일주일간 이곳을 방문한 적이 있다. 연구소 내에 있는 게스트 하우스에 머물렀는데, 그때 다른 방에는 암흑 물질 우주의 대가 조엘 프리맥Joel Primack과 은하 진화의 대가 마이크 폴Mike Fall과 이그나시오 페레라스Ignacio Ferreras가 머무르고 있었다. 이때 맺은 친분으로 프리맥 교수는 훗날 나를 자신의 연구소로 초대하기도 했다.

이곳에 머무는 일주일 동안 월드컵 축구 대회 결승전이 있었다. 프랑스와 브라질 간의 경기였다. 프랑스 인들이 모두 축구에 빠져서 나 같은 방문객에게는 별로 신경 쓰고 있지 않을 때, 나처럼 심심해하던 페레라스 박사와 친분이 생기기 시작했다. 내가 일주일 동안 같이 말을 나눈 사람은 나를 초대한 사람과 다른 방문객들뿐이었다고 투덜댔더니, 그는 한 달간 머물렀는데도 말을 거는 사람이 거의 없었다고 웃으며 대답했다. 그러던 중 하루는 복도를 사이에 두고 있는 연구자가 웬일로 다가와서 알은체를 하더란다. 그래서 통성명을 하고 인사를 했더니, 그는 "나는 수리 우주론을 연구하는 이론가이며 매우 집중이 필요한 연구를 하고 있는데, 당신의 컴퓨터 자판 두드리는 소리 때문에 집중을 할 수 없어요. 문 좀 닫고 연구해 주세요." 하더란다. 결국 겨우 한마디 나눈 것이 "문 좀 닫아라."였다는 것이다. 참으로 과학자들이 괴팍하기는 하다. 하하. 어쨌든 페레라스 박사와 파리 시청 앞에 설치된 간이 대형 스크린으로 월드컵 결승전을 보게 되었다. 프랑스의 3 대 0 승리로 샹젤리제 거리가 파랗게 물든 장관은 잊을 수가 없다. 페레라스 박사는 후에 나를 옥스퍼드로 초대했고 지금은 나의 가장 친한 친구이자 공동 연구자이다.

lecture
9

보이는 게 전부가 아니다!

빅뱅 핵합성 연구자와 관측 천문학 연구자는 모두 일관성 있게 우주가 텅 빈 우주에 가까운 열린 우주라고 말한다. 사실 이 말은 어폐가 있다. 바로잡아 말해야 한다.

빅뱅 핵합성 이론은 우주에 존재하는 수소, 헬륨, 중수소, 리튬 같은 가벼운 원소들의 양과 비율을 관측량과 일치하게 예측할 수 있다. 그러나 빅뱅 핵합성 이론에 따른 우주의 물질 밀도는 우주를 편평하게 만드는 데 필요한 임계 밀도임계 에너지 밀도의 4퍼센트 정도에 불과하다. 우주의 임계 밀도가 1세제곱미터당 수소 원자 5개 정도이니까, 대략 1세제곱미터 안에 5개쯤 들어가는 보통 사과 상자 1개를 열면 수소 원자 1개를 발견할 수 있어야 한다. 그러나 빅뱅 핵합성 이론에 따르면 25개의 사과 상자를 열어 봐야 수소 원자 1개를 발견할 수 있다. 이 물질 밀도는 우리가 알고 있는 보통의 원자들로 만들어진 물질만을 가지고 잰 것이다. 그러나 우주에는 이러한 물질만 있는 게 아니다.

원자핵으로 구성된 보통의 물질을 통칭해 '바리온baryon'이라고 부른다. 바리온은 원래 무겁다는 뜻의 고대 그리스 어 *barys*에서 온 말로, 물리학에서 주로 세 개의 쿼크로 구성된 입자군을 통칭하는 말이다.'중입자'라고도 한다. 바리온의 가장 단순한 예로는 수소 원자핵 역할을 하는 양성자와 그 형제 입자인 중성자가 있다. 수소 원자를 비롯한 우리가 알고 있는 모든 원자와, 또 그 원자들로 구성된 모든 분자가 모두 바리온이다. 이렇게 바리온들로 구성된 보통의 물질을 통틀어서 '바리온 물질'이라고 부른다. 수소 원자부터 분자, 책상, 지구, 별, 은하 등 우리가 알고 있는 대부분의 물질을 포함한다.

이 바리온 물질은 우주가 가진 전체 에너지의 일익을 담당한다. 질량을 가진 바리온 물질은 아인슈타인의 $E=mc^2$ 식에 따라 질량 m과 광속도 c의 제곱을 곱한 것만큼의 에너지를 가진다. 그러나 우주의 에너지는 바리온 형태로만 존재하는 게 아니다. 질량이 0인 광자와 질량이 거의 없거나 아주 작은 렙톤lepton, 경입자 형태로 존재하는 복사 에너지가 있다. 정지해 있을 때의 질량을 의미하는 '정지 질량'이 없는 광자는 운동량 p에 광속 c를 곱한 만큼의 에너지를 갖는다. 보통의 물질을 무시하고 빛의 속도로 운동하는 중성미자도 광자와 비슷한 형태의 운동 에너지를 가진다. 참고로 우주에는 바리온 입자 1개당 약 10억 개의 광자와 10억 개의 중성미자가 존재하는 것으로 알려져 있다. 그런데 중성미자는 매우 재미있는 특징을 가지고 있다.

중성미자는 보통의 물질, 즉 바리온과는 거의 반응하지 않는다. 중력적으로 서로 끌어당기지도 않고 전자기력에 반응하지도 않는다. 따라서 중성미자 입장에서 보면 우주는 텅 빈 것과도 같다. 물론 보통 물질도 실제로는 거의 텅 빈 공간과도 같다. 수소 원자의 경우처럼 질량의 거의 대부분을 가지고 있는 원자핵은 원자 크기의 10만분의 1 정도밖에 되지 않기 때문이다. 아주 얼렁뚱땅 계산을 해 봐도 수소와 산소 원자로 이루어진 우리 몸은 원자론적 입장에서 보면 하나의 단단한 실체이기는커녕 군데군데 텅텅 빈 허깨비이다. 그래도 광자는 우리 몸을 이루는 원자들의 전자와 반응하기 때문에 우리 몸을 거침없이 통과하지 못한다. 그렇기 때문에 햇볕을 쬐면 따뜻해지고, 전등 앞에 서면 우리 몸 뒤에 그림자가 생기는 것이다. 그러나 중성미자는 전자와도 반응하지 않고 양성자, 중성자와도 잘 반응하지 않기 때문에 인간의 몸 따위는 간단하게 통과해 버린다. 심지어는 지구 같은 행성도 광속으로 통과해 버린다. 중성미자의 눈으로 보면 인체와 행성 따위를 이루는 분자·원자 구조는 아주 성긴 그물처럼 보일 것이다. 작은 멸치나 새우가 대구나 참치를 잡는 큰 그물을 무시하고 들락거리는 것처럼 말이다. 중성미자에게 바리온 물질은 없는 것이나 마찬가지이다.

이와 같이 매 순간 수없이 많은 중성미자가 우리 몸을 통과하고 있다. 중성미자야말로 우리 몸뿐만 아니라 별과 은하도 무시하는 우주의 무법자인 것이다. 나는 가끔 별다른 이유 없이 머리가 띵하고 어지러울 때, '혹시 너무 많은 중성미자가 내 몸을 못살게 구는 것이 아닐까?'라고 상상하며 웃어 본 경험이 여러 번 있다.

이렇게 우주의 에너지는 크게 물질 에너지와 복사 에너지광자와 중성미자로 나눌 수 있다. 그런데 빅뱅 핵합성 이론은 바리온 물질 에너지가 임계 에너지 밀도의 4퍼센트밖에 안 된다고 요구한다. 만일 물질이 모두 바리온 물질뿐이라면, 우리 우주는 정말로 거의 텅 빈 열린 우주가 되는 것이다. 그런데 8강에서 언급했듯이 열린 우주는 우주 편평도의 문제에 봉착한다. 존재 확률이 거의 없는 문제 많은 우주인 것이다. 우리는 지금, 있으면 안 되는 우주에 살고 있는 것인가?

이런 문제에 봉착해 있는데 뒷문을 열며 들어선 흑기사가 이 문제를 해결해 줄지도 모른다. 그 흑기사는 우리에게 "우주에는 바리온 물질 말고도 우리가 알지 못하는 물질이 엄청나게 더 많을 수 있어."라고 말한다. 바리온, 광자, 중성미자 말고 어떤 존재가 우리 우주에 숨어 있는가? 이 모든 일은 캘리포니아 공과 대학에서 시작되었다.

은하단 내 은하들의 이상한 움직임

1930년대 초반 캘리포니아 공과 대학에 재직하던 스위스 태생 천문학자 프리츠 츠위키Fritz Zwicky 교수는 이상한 현상을 발견했다. 2강에서 보여 준 은하단 아벨1689의 사진을 기억하는가. 이처럼 많은 은하가 모여 사는 곳을 은하단이라고 부르며 우주에는 수많은 은하단이 있다. 그런데 츠위키가 한 은하단 내의 은하 움직임을 추적하다 보니 이상한 점을 발견했다. 은하단의 추정 질량으로 짐작한 것보다 개별 은하들이 더 빨리 움직이고 있었던 것이다. 이 문제를 이해하기 위해서는 약간의 역학적 지식이 필요하다.

질량을 가진 물체가 있는 곳에는 어디든지 중력장이 생긴다. 중력장은 중력이 미치는 영향력이라고 볼 수 있다. 작은 소행성이 홀로 존재하는 곳에서는 작은 중력장이 형성되고, 큰 별이 있는 곳에서는 큰 중력장이 형성된다. 태양과 같이 큰 질량을 가진 물체가 만드는 중력장은 그 크기가 꽤 커서 태양-지구 간 거리의 수만 배를 넘는다. 큰 중력장은 크게, 그리고 매우 깊게 형성된다.

부드러운 고무판을 상상해 보자. 고무판 위에 아무 물체도 놓여 있지 않다면 고무판은 그저 평평할 것이다. 그러나 작은 야구공 하나를 그 위에 놓으면 고무판의 일부분이 움푹 들어가 휠 것이다. 고무판이 휘는 정도는 공의 무게와 비례하고 휘는 영역이 넓은 만큼 더 깊이 휠 것이다. 더 무거운 농구공을 놓으면 고무판이 훨씬 더 깊게 파이고 고무판의 더 넓은 영역이 휠 것이다. 물론 고무판 비유는 3차원 공간 왜곡을 2차원 평면에 투영한 것이다. 3차원 공간의 왜곡은 상상하기 어렵기 때문이다. 이제 농구공으로 휘어진 공간에 테니스공 여러 개를 놓는다고 가정하자. 뉴턴의 중력 법칙에 따라 중력의 세기는 중심으로부터의 거리의 제곱에 반비례하므로, 테니스공이 중력장 중심에 가까이 다가갈수록 중력장의 영향을 더 심하게 받고 중력장 중심으로 세게 끌어당겨질 것이다. 이렇게 중앙으로 끌어당겨지는 힘에 저항할 아무런 방법이 없다면 테니스공들은 금방 모두 중력장 중심, 즉 농구공 쪽으로 모여들 것이다. 반면에 무슨 이유에서든지 중력장 중심으로부터 반대 방향으로 움직이게 된 테니스공은 금방 농구공과 부딪치는 것을 피할 수 있다.

지금까지 우리는 하나의 농구공이 중력장을 지배하는 경우를 고려했지만, 농구공 하나 대신 여러 개의 테니스공이 존재하는 경우에도 같은 물리 현상이 벌어진다. 테니스공 1,000개를 고무판 위에 놓았을 때 고무판이 휘어지는 정도는 테니스공 1,000개만큼의 질량을 가진 공 1개를 놓았을 때 휘어지는 정도와 같을 것이다. 그렇게 휘어진 고무판 위에서 별로 움직이지 않던 테니스공들은 공들이 많이 모여 있는 중력장 중심부로 모이지만, 다른 방향으로 움직이던 공들은 고무판의 휘어진 평면 위에서 궤도를 그리며 계속 움직일 것이다. 태양에서 멀리 떨어져 있는 행성들이 제 궤도를 그리며 운행하는 이치와 같다. 만일 무슨 이유에서든지 간에 움직임이 너무 큰 공은 고무판의 휘어진 평면에서 이탈할 수도 있다. 7강에서 이야기한 로켓의 임계 속도 개념을 상기해 보자.

이렇게 고무판과 공 이야기를 계속한 것은 중력장이 3차원 공간을 왜곡하는 것을 직관적으로 이해하기 쉬도록 도와주기 위해서였다. 그러면 이제 고무판을 우리 우주의 공간, 테니스공들을 은하단을 이룬 은하들이라고 치환해 보자. 그럼 이제부터 할 츠위키의 이야기를 좀 더 쉽게 이해할 수 있을 것이다.

츠위키는 1,000여 개의 은하들이 모여 있는 은하단 내의 은하들의 움직임을 자세히 관찰했다. 쉽게 이해하기 위해 은하 1,000개의 '보이는 물질'의 질량의 합을 1,000이라고 하자. '보이는 질량'이란 보이는 물체, 즉 별과 기체의 질량을 모두 합산한 바리온 물질의 질량을 말한다. 그다음, 은하들의 운동 속도를 허블이 사용했던 도플러 효과를 이

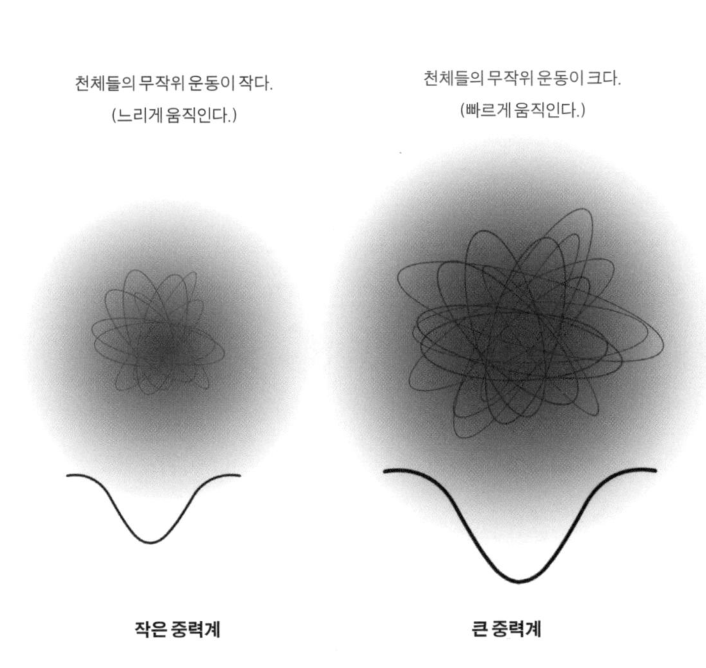

무작위 운동과 중력장의 크기. 중력장이 클수록 그 안에 있는 천체들은 더 빠른 속도로 움직인다.

용해 계산한다. 은하단에서 모든 은하는 비교적 평형 상태를 이루며, 중심으로 몰려가지도 않고 밖으로 이탈하지도 않는 것으로 보인다. 따라서 산출된 은하들의 속도를 이용해 이 은하단 전체의 역학적 질량을 산출할 수 있다. 이 역학적 질량은 바리온 물질의 질량뿐만 아니라 보이지 않은 물체들의 질량까지 포함한 것이다.

만약 은하와 은하단이 보이는 바리온 물질만으로 이루어져 있다면 관측을 통해 알아낸 보이는 질량과 은하 속도에서 추산해서 알아낸 이 역학적 질량이 같아야 한다. 그런데 실제로 은하들이 매우 빠른 속도로 공간을 운행하는 것으로 보였고, 이를 이용한 은하단의 총 질량도 1,000이 아닌 7,000 정도로 산출되었다. 바리온 질량보다 약 7배나 더 큰 것이다. 1,000개의 은하가 마치 7,000개의 은하가 만든 중력장 안에서 움직이는 것처럼 보인다는 말이었다. 만일 이 은하단이 실제로 보이는 것과 같이 1,000개의 은하만을 가지고 있다면, 이렇게 빨리 도는 은하들은 모두 은하단의 중력계를 떠나야 하는데, 이상하게도 1,000개의 은하들이 모두 중력과 평형을 이루며 운동하는 것으로 보였다.

이런 결과를 보고 츠위키는 은하단 내에는 바리온 물질로 구성된 은하들 외에도 보이지 않는 물질이 많이 있다고 결론을 내렸다. 오늘날 우리는 이 물질을, 존재하지만 보이지 않는다는 의미에서 '암흑 물질'이라고 부른다. 그런데 이 암흑 물질이 처음 알려지기 시작한 것은 빅뱅 우주론이 틀을 갖추기도 전인, 벌써 1930년대였던 것이다. 지금으로부터 무려 80년 전이다.

암흑 물질의 정체는 지금도 수수께끼인데, 당시 사람들의 반응은 어땠을까? 모두가 깜짝 놀라며 훌륭한 발견이라고 찬양했을까? 과학자들이라도 이 발견을 이해하고 암흑 물질 연구에 전념하게 되었을까? 아니면 아무도 이해하지도 못했을뿐더러 관심도 기울이지 않았을까? 안타깝게도 마지막 경우에 가까웠다. 하지만 당시의 지식 수준을 안다면 이러한 반응도 이해할 수 있을 것이다.

앞서 3강에서 인류는 1926년경에 와서야 우리 은하 외에 다른 은하가 존재하는 것을 알게 되었다고 했다. 과학계에서는 새로운 발견이 정설로 받아들여지기까지 짧게는 수 년, 길게는 수십 년이 걸리기도 한다. 아인슈타인도 1921년에 노벨상을 받았지만, 1915년에 발표한 인류 과학 역사상 최고의 역작인 일반 상대성 이론에 대한 공로로 상을 받은 것이 아니고, 1905년에 발표한 광양자설에 대한 연구로 상을 받았다. 이렇게 보수적인 과학계의 특성을 고려할 때, 1926년에 허블이 발견한 외부 은하의 존재가 1930년대 초에 많은 사람에게 제대로 받아들여졌을 리가 만무하다.

그렇지만 대부분의 과학자가 외부 은하의 존재뿐만 아니라 은하의 정체조차도 모르고 있을 때, 츠위키는 ① 은하들이 모인 은하단의 존재를 인지하고, ② 은하단이 역학적으로 평형을 이룬 안정적인 중력계를 형성하고 있음을 밝히고, ③ 은하들의 공간 분포를 통해 은하단 전체의 역학적 질량을 산출하고, ④ 역학적 질량이 은하들에 포함된 보이는 물질의 총 질량과 다르다는 것을 밝혀내 암흑 물질의 존재를 주장했다. 과연 몇 명의 동시대 과학자가 그 의미를 이해하고 받아들일 수 있었겠는가? 이 네 가지 업적 모두 그 시대의 일반 과학자들은 이해하기 힘든 최첨단 개념이었다. 하물며 학계 밖 일반인은 말해 무엇하겠나!

시대를 너무 앞서 가면 인정받기 힘들다고 했던가. 지금은 고전 음악의 대명사로 통하는 요한 제바스티안 바흐의 음악은 당대에는 엽기 음악으로 받아들여져 그가 죽은 한참 후에야 공공 장소에서 연주될 수 있었다고 한다. 내가 제일 존경하는 네덜란드의 화가 빈센트 반 고흐의 그림은 당대 사람들에게 너무 난해하고 충격적이어서 그는 평생 물감 값과 방 값을 걱정하다 세상을 떠나야 했다. 츠위키는 천문학계의 바흐이자 고흐였을지도 모른다.

심지어는 이런 에피소드도 있다. 20세기 최고의 관측 우주론가 앨런 샌디지가 1960년대에 퀘이사라는 놀라운 천체를 최초로 발견하고 그 연구 결과를 캘리포니아 공과 대학에서 발표했더니, 듣고 있던 츠위키가 "그래서 이 중에 뭐가 새로운 뉴스라고?" 하며 이미 다 알고 있는 내용을 발표한다는 식으로 비아냥거렸다는 소문은 학계에서도 유명하다. 츠위키는 그 시대를 살기에 너무 많은 지식을 가지고 있었던 것은 아닐까? 츠위키는 또 어떤 다른 비밀을 알고 있었을까?

나선 은하의 회전 속도 곡선

천문학계는 암흑 물질의 또 다른 증거를 만나기까지 40년의 시간을 기다려야 했다. 두 번째 장을 연 사람은 흥미롭게도 조지 가모브의 제자 베라 루빈Vera Rubin과 그의 동료 켄트 포드Kent Ford였다. 그들은 나선 은하의 회전을 연구하던 중, 나선 은하가 예상보다 너무 빠른 속도로 회전한다는 것을 발견했다.

나선 은하의 빠른 회전 속도가 어떻게 암흑 물질의 증거가 될까? 이제부터 그 이야기를 해 보자. 앞에서 은하단이 거대한 중력장 안으로 빨려 들어가지 않으려면 빠른 속도로 움직여야 한다고 설명했다. 은하단은 특별히 정해진 운동회전 등의 운동을 하지 않기 때문에 중력장의 인력에 반하는 역할을 하는 것은 개별 은하의 무작위적 운동이다. 개별 은하는 은하단 중심을 타원 궤도를 그리며 운행하지만, 은하단의 모든 은하가 한 방향으로 움직이는 것은 아니라는 이야기이다. 하나하나의 별들이 원반을 형성해 일률적으로 회전 운동을 하는 나선 은하와는 다르다. 나선 은하의 경우 별들이 은하의 중심부로 끌려 들어가는 것을 막는 힘은 회전 운동에 따른 원심력이다. 은하의 중심부로 갈수록 중력이 세지므로 별들은 더 빠르게 회전하는데, 큰 원심력을 가진 별들만이 자기 궤도를 유지하고 살아남을 수 있다.

회전하는 중력계의 가장 간단한 예는 태양계의 행성 운동이다. 태양은 태양계 질량의 99.8퍼센트를 차지한다. 태양이 지배하는 중력계라고 볼 수 있다. 태양계에는 가장 가까운 수성부터 가장 먼 해왕성까지 8개의 행성이 있다. 아마도 회전하는 기체 원반으로부터 함께 탄생했기 때문에, 태양의 자전과 행성들의 공전은 방향이 같다. 태양에 가까운, 즉 중력장의 영향을 가장 크게 받는 수성은 매우 빠르게 회전을 해야 센 원심력을 얻을 수 있어 중력과 평형을 이루는 자기 궤도를 유

케플러의 법칙을 따를 경우, 나선 은하의 회전 속도는 중심부에서는 빠르고 외곽부에서는 느려져야 한다. 위 그래프의 점선이 이러한 예측을 나타낸다. 그러나 실제 관측 결과는 선으로 표시된 것처럼 중심부든 바깥쪽이든 크게 다르지 않았다. 이것은 은하에 보이는 물질만 있는 것이 아님을 잘 보여 주는 증거이다.

태양계 행성의 케플러 운동. 중력계 안쪽에 있는 천체(태양 가까이 있는 행성)가 더 빨리 움직인다.

지할 수 있다. 반면 멀리 있는 해왕성은 여유롭게 천천히 태양 주위를 공전해도 별다른 문제없이 궤도를 유지할 수 있다. 중력장의 영향을 작게 받기 때문이다. 따라서 수성은 초속 48킬로미터로, 태양을 88일 주기로 빠르게 공전하고 해왕성은 초속 5킬로미터로, 태양을 165년 주기로 천천히 공전한다. 이렇게 중력장 중심으로부터 멀어질수록 공전 속도가 줄어든다는 것은 이미 17세기에 독일의 천문학자 요하네스 케플러Johannes Kepler가 밝혀냈고 이것을 '케플러의 법칙'이라고 부른다. 케플러의 법칙은 후에 뉴턴의 중력 법칙의 탄생에 결정적인 역할을 했고, 이후 다양한 천체 운동을 통해 검증되었다.

그런데 루빈의 관측 자료에 따르면, 회전하는 나선 은하가 케플러 법칙을 따르지 않았다. 루빈은 나선 은하의 회전 운동을 정밀하게 측정했다. 그리고 은하의 중심부로부터 밖으로 갈수록 회전 속도가 줄어드는 케플러 현상을 기대했다. 그러나 놀랍게도 회전 속도는 중심부로부터의 거리와 상관없이 비슷하거나, 심지어 어떤 은하에서는 회전 속도가 은하 바깥 부분에서 더욱 컸다.160쪽 그래프 참조 만일 이런 현상이 태양계에서 벌어진다면 어떻게 될까? 천왕성, 해왕성 등 태양으로부터 멀리 있는 행성들이 지금보다 훨씬 빠르게, 수성보다 더 빠르게 회전한다면, 곧바로 태양계를 탈출하고 말 것이다. 태양계의 지금 모습을 유지할 수 없다.

그러면 나선 은하들은 현재 평형을 이루고 있는 것이 아니고 모두 우주 공간으로 분해되고 있는 중인가? 아니다. 전혀 그래 보이지도 않는다. 모든 나선 은하가 매우 정밀하게 중력과 원심력 간의 평형을 이루고 있는 것처럼 보인다. 그러면 무엇이 나선 은하를 그렇게 빠르게 회전하도록 만들면서 모양을 유지하게 하는가?

1975년 미국 천문학회에서 루빈은 츠위키가 제안한 것처럼 각각의 은하 안에도 보이지 않는 암흑 물질이 있어서 고속 회전으로 생기는 원심력과 평형을 이룬다고 주장했다. 이것은 그야말로 40년 만에 발견된 새로운 암흑 물질의 증거인 셈이다. 츠위키 때와 마찬가지로 많은 과학자가 이 결과를 즉각적으로 인정하지는 않았다. 그러나 시간이 갈수록 다른 연구 결과가 이 연구 결과와 일치했고, 학계도 암흑 물질의 존재를 진지하게 받아들이게 되었다. 이때가 1980년대 중반이다. 은하의 암흑 물질은 별들보다 더 넓게 퍼져서 분포하며, 은하의 안쪽은 별들과 같은 바리온 물질이 대부분이지만 바깥쪽으로 갈수록 암흑 물질이 지배적인 것으로 나타났다.

나는 1994년 1월 미국 천문학회를 참석했을 때, 루빈 박사가 미국 천문학회에서 주는 최고 영예의 상인 헨리 노리스 러셀 상을 받는 모습을 보았다. 물론 암흑 물질 연구에 관한 공로에 대해서이다. 2,000명 전체 앞에서 50분 동안의 수상 강연을 하는 할머니의 모습에서 말로는 표현하기 힘든 내공을 느꼈다. 자신의 연구가 초기에 얼마나 천대받았는가에 대한 회한도 조금 느낄 수 있었다. 그런데 약간 생뚱맞게도 강연이 끝나자 그분이 갑자기 「은하수를 여행하는 히치하이커를 위한 안내서The Hitchhiker's Guide to the Galaxy」라는 텔레비전 드라마의 주제가를 조용히 부르는 것이 아닌가! 그런데 더욱 놀라웠던 것은 그곳에 모인 2,000명의 과학자들이 다 함께 애국가를 부르듯 드라마 주

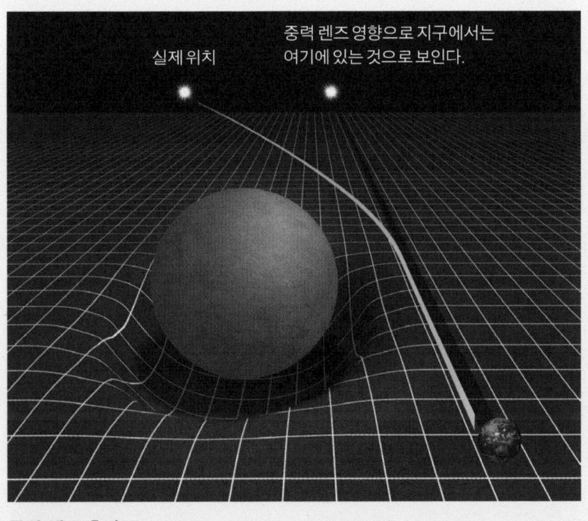

중력 렌즈 효과

다양한 중력 렌즈 현상 1 나선 은하 중력 렌즈(아인슈타인 십자가) 2 타원 은하 중력 렌즈(아인슈타인 반지) 3 은하단 중력 렌즈(아벨2218)

제가를 제창하는 모습이었다. 그때 나는 감명을 받았다. 아저씨 아줌마 과학자들이 너 나 할 것 없이 과학 드라마 주제가를 소리 높여 부르다니. 왠지 순수해 보이는 과학자들의 모습에서 문화 깊숙이 뿌리내린 미국 과학의 저력을 느꼈다.

베라 루빈이 개별 은하 안에 암흑 물질이 있음을 예측한 이후 1980년대부터 암흑 물질 문제는 천문학뿐만 아니라 물리학계에서도 가장 중요한 이슈로 떠올랐다.

중력 렌즈

암흑 물질 연구의 압권은 뭐니 뭐니 해도 중력 렌즈 현상의 발견이다. 이미 2강에서 중력 렌즈 현상은 아인슈타인의 일반 상대성 이론의 가장 강력한 증거이며, 그 발견의 천문학적 발판을 한국인이 놓았다는 것을 밝힌 바 있다. 앞에서 은하들의 운동을 측정해 알아낸 은하단 전체의 역학적 질량 역시 그 은하단을 통과하는 빛이 휘어지는 현상을 관찰해 측정할 수도 있다.

앞에서 여러 번 설명한 것처럼 질량이 가진 물체는 시공간을 휘게 한다. 1,000여 개의 은하가 모여 있는 거대한 은하단의 중력장은 그 영역의 시공간을 휘게 만든다. 멀리서 온 빛이 이렇게 휘어져 있는 시공간을 통과하게 되면 똑바로 직진할 수가 없고 왜곡된 시공간을 따라서 움직이게 된다. 휜 시공간을 통과하는 과정에서 빛이 만드는 상 역시 빛의 광원주로 퀘이사과 중간에서 렌즈 역할을 하는 천체주로 은하나 은하단, 그리고 관측자 간의 상대적 위치에 따라 다양하게 왜곡된다. 예를 들어 퀘이사, 큰 은하, 지구가 비교적 일직선상에 위치하면 실제로는 동그랗던 퀘이사가 중력 렌즈 효과를 일으키는 천체를 둘러싼 반지나 십자가 모양으로 나타난다. 일반 상대성 이론으로써 이러한 현상을 예측한 아인슈타인의 이름을 따서 '아인슈타인 반지Einstein ring', '아인슈타인 십자가Einstein cross'라고 부른다. 또한 빛이 볼록 렌즈를 통과해 한데 모이는 것과 같이 그 밝기가 증폭되기도 한다. 반면 일직선상에서 많이 떨어져 있거나 은하단의 경우처럼 중력 렌즈 역할을 하는 천체의 질량이 복잡하게 분포하는 경우, 여러 개로 잘린 원호로 나타난다.163쪽 사진 참조

어떻게 이러한 공상 과학 소설 같은 이야기를 과학적으로 증명할 수 있을까? 간단하다. 십자가 모양으로 나뉜 네 개의 빛 덩어리나 동그란 고리 모양의 원호에서 나오는 빛을 분광 분석하면 같은 천체에서 나왔는지 아닌지 알 수 있다. 실제로 천문학자들이 아인슈타인 십자가로 나타난 네 개의 빛을 각각 분광 관측을 통해 비교해 보았더니 그 빛들이 모두 같은 천체에서 오는 것이었다. 이때 중심에 있는 밝은 천체는 렌즈 역할을 한 은하 중심의 모습이다. 아벨2218과 같은 은하단을 찍은 허블 우주 망원경 사진에서 볼 수 있었던 잘린 원호들도 같은 분광 성질을 보였다.

당연히 많은 물질과 질량이 있는 곳에서 중력 렌즈 효과로 그 모양이 왜곡된 것이다. 시공간의 왜곡이 더 심하면 중력 렌즈 현상도 더 두드러진다. 따라서 중력 렌즈 현상을 잘 분석하면 은하단 역학적 질량

을 알아낼 수 있다. 이 같은 원리는 1970년대 말에 이미 알고 있었지만, 실제 이런 연구를 수행하려면 최상의 해상도를 갖춘 관측 기술이 필요했다. 따라서 허블 우주 망원경이 위성 궤도에 올라간 1990년대 이후에야 효과적으로 중력 렌즈 연구를 수행할 수 있었다.

내가 정말 좋아하는 은하단 아벨2218은 중력 렌즈 현상을 잘 보여준다. 허블 우주 망원경으로 찍은 사진은 이 은하단의 중심부를 보여주는데, 거의 모든 은하가 노란색을 띠는 타원 은하이다. 여기저기 보이는 원호가 대략 은하단의 중심을 원호의 중심으로 삼는 것으로 보아 중력 렌즈 효과가 은하단의 영향으로 일어난 것이 분명하다. 실로 놀라운 일이다. 추상적으로만 보이는 일반 상대성 이론의 가장 직접적이고 강력한 증거를 이리도 간단히, 한눈에 볼 수 있다니! 관측이 이론을 확증한 좋은 본보기이다.

이렇게 중력 렌즈 효과를 보여 주는 여러 개의 은하단을 연구한 결과, 놀랍게도 모두 은하단의 역학적 질량이 보이는 은하들의 질량 총합, 즉 바리온 물질의 질량보다 7배 정도 많게 나타났다. 역시 이전 연구 결과와 일치했다.

암흑 물질의 정체

지금까지 은하와 은하단 규모에서 수행한 모든 연구에서 암흑 물질의 흔적이 뚜렷이 나타났다. 그런데 왜 우리 일상생활에서는 그 증거를 찾을 수 없는 것일까? 그 이유는 암흑 물질을 이루는 입자가 오로지 중력적으로만 상호 작용하기 때문일 것이라고 생각된다. 우리 눈에 보이는 바리온 물질의 집합인 은하는 자신보다 6배나 더 큰 암흑 물질 중력장 안에 갇혀 있는 상황이고, 암흑 물질은 전체 중력장만을 매우 연속적으로 형성할 뿐, 바리온 물질에 직접적으로 관여하지 않는다. 반면 바리온은 중력, 전자기력, 약력, 강력의 상호 작용을 통해 서로 잘 모여서 국지적으로 높은 밀도를 쉽게 만들 수 있다. 따라서 비록 은하 전체 규모에서는 바리온 물질보다 암흑 물질이 월등히 많을지라도, 은하 중심부나 태양계같이 바리온이 이미 많이 모여 있는 곳에서는 바리온이 암흑 물질보다 비교할 수 없을 만큼 더 많은 것이다.

이 글을 읽는 독자 중 어떤 이는 "참 편리하게도 갖다 붙이네." 할 것이다. 맞다. 아직 우리는 암흑 물질의 정체를 잘 알지 못한다. 지금까지 거론되는 후보들은 대부분 우주 초기에 생성된, 질량이 크면서 바리온과 상호 작용을 잘 하지 않는 윔프WIMP, Weakly Interacting Massive Particle 같은 모호한 입자들이다. 윔프의 의미를 곱씹어 보면, 질량이 커서 우리가 필요로 하는 암흑 물질의 역할을 해 줄 수 있지만 다른 입자와는 상호 작용을 잘 안 해 관측을 교묘히 피한다는 것이다. 필요한 일만 하고 발견은 안 되는 홍길동 입자란 말인가? 존재하는 것은 확실해 보이는데, 암흑 물질이란 도대체 무엇일까?

전혀 다른 각도에서 이러한 일련의 연구 결과를 바라보는 사람들도 있다. 일명 몬드주의자이다. 몬드MOND는 '수정된 뉴턴 역학modified Newtonian dynamics'의 약자로서 뉴턴 역학에 대한 수정 이론을 일컫는다. 이스라엘의 모르데하이 밀그롬Mordehai Milgrom이 1980년대에 소개한 이 이론에 따르면, 케플러의 법칙에 근거한 뉴턴 역학은 태양계와 같은 작은 규모에서는 맞는 것처럼 보이지만, 은하와 같이 큰 규모에서는, 즉 가속도가 매우 작은 경우에는 잘 맞지 않아서 수정이 필요하다는 것이다. 아인슈타인의 일반 상대성 이론이 가속도가 매우 큰 영역에서 뉴턴 역학이 부정확하다는 것을 발견해 보완한 것이라면, 밀그롬의 몬드 이론은 가속도가 매우 작은, 즉 은하의 주변부나 은하단의 주변부에서 뉴턴 역학이 부적절하다는 것을 주장한다. 몬드 이론에 따르면, 적용 범위가 다른 곳에서 일어나는 관측 사실을 이해하기 위한 목적으로 억지로 암흑 물질의 존재를 가정할 필요는 없다. 이런 매력 때문인지 최근 20년 동안 몬드 이론이 주목을 많이 받고 있는 것이 사실이지만, 아직은 몬드 이론에 대한 검증이 많이 부족하므로 받아들이기에는 이른 것 같다.

천문학자 100명에게 묻는다면 99명은 암흑 물질의 존재를 인정할 것이다. 그 정체를 알아내는 것은 현대 천문학과 물리학의 최대 과제이다. 지금까지의 결과를 종합하면, 우주에는 바리온 물질보다 6배쯤 더 많은 암흑 물질이 있다. 암흑 물질도 바리온처럼 정지 질량을 가지므로 질량 에너지를 갖는다. 따라서 물질 에너지는 바리온 물질과 암흑 물질로 나뉜다. 그러면 바리온 에너지 밀도가 임계 밀도의 4퍼센트라고 했으므로 총 물질 에너지는 바리온 4퍼센트에 암흑 물질 24퍼센트(4퍼센트×6)를 더한 28퍼센트가 된다.

흠……. 암흑 물질을 찾아 준 흑기사가 큰 도움을 준 것은 분명하지만 우리는 아직도 우리 우주를 편평하고 안정적으로 만드는 데 필요한 임계 에너지 밀도의 28퍼센트 정도만 찾은 것이다. 우리 우주는 정말 있을 법하지 않은 열린 우주인가?

● 캘리포니아 공과 대학

과학계에서는 칼텍Caltech이라는 별명으로 더 유명한 캘리포니아 공과 대학은 캘리포니아 주 로스엔젤레스 시 북쪽에 자리 잡은 아담한 도시 패서디나에 있다. 1킬로미터 거리에 있는 카네기 천문대와 함께 20세기 관측 천문학을 선도한 명실상부한 관측 천문학의 지존이다. 세 명의 칼텍 창립자 중 한 명인 천문학자 조지 헤일George Hale, 암흑 물질의 시조 프리츠 츠위키, 분광학의 아버지 제시 그린슈타인Jesse Greenstein, 활동성 은하핵 연구의 마틴 슈미트Maarten Schmidt, 관측 우주론의 떠오르는 별 찰스 스타이델Charles Steidel 등 내로라하는 천문학자들의 산실이다.

나는 갤렉스GALEX 우주 망원경 연구를 위해 이곳에서 3년간 일한 적이 있다. 칼텍에 가기 전, 자타가 공인하는 미국 최고의 천문 연구 기관 칼텍으로 옮길 계획이라고 친지들에게 알렸다. 그러자 왜 그 좋은 미국 항공 우주국을 떠나 이름도 들어 보지 못한 조그만 학교로 가냐고 혹시 좌천되는 것 아니냐고 염려해 주셨던 웃지 못할 기억도 있다. 한 분은 내가 석유 회사 칼텍스로 가는 거냐고 묻기도 했다.

처음 칼텍을 방문한 것은 1998년 봄이었다. 교정이 한산해 휴일인 줄 알았다. 하지만 그날은 평일이었고, 화창한 날씨에도 불구하고 학생들은 연구실에 들어가 있어서, 학교가 한산해 보였던 것이다. 칼텍은 매년 200명 정도의 적은 학생을 선발해 연구에만 전념하게 하는데, 불쌍하다 싶을 정도로 열심히 연구하는 학생들의 모습이 아직도 눈에 선하다. 천문학과는 물리학과와 수학과와 함께 PMAPhysics, Mathematics, Astronomy라는 단위로 유지되며 그중 천문학과의 활동이 단연 두드러진다. 지금도 하와이에 있는 세계 최대 10미터 규모의 켁Keck 쌍둥이 망원경을 운영하고 있고, 자신보다 덩치가 훨씬 더 큰 미국 항공 우주국의 제트 추진 연구소Jet Propulsion Laboratory, JPL 또한 정부로부터 위탁받아 운영하고 있다.

내가 칼텍에 머무는 동안 비자를 새로 받아야 하는 일이 있었다. 조금 특별한 비자를 받게 되었는데 주로 큰 상을 받은 수상자나 올림픽 메달리스트 또는 예술가에게 주는 비자였다. 이 일을 주로 담당하는 분이 내게 물었다. "큰 상 받으신 것 있으면 알려 주세요." 속으로 대학원생 시절 받은 허름한 상을 생각하고 있는데, "노벨상이나 퓰리처상 혹은 올림픽 금메달 정도면 됩니다." 하는 것이 아닌가. 숨이 턱 막혔다. 나중에야 알게 되었는데, 당시 대학 총장이었던 데이비드 볼티모어David Baltimore를 비롯해 그 작은 학교에 노벨상 받은 교수와 동문이 30여 명이 있었단다. 허허.

lecture 10

초강력 다리미, 급팽창

1979년, 앨런 구스Alan Guth는 고민이 많았다. 벌써 1972년에 미국 최고 명문 대학 매사추세츠 공과 대학MIT에서 그것도 제일 똑똑한 사람들이 공부한다는 입자 물리학 이론으로 박사 학위를 받았지만 좋은 직업을 찾을 수 없었기 때문이다. 미국에서 천문학자와 물리학자는 보통 박사 학위를 받은 후 두 번 정도의 박사 후 연구원 과정5~6년을 거쳐 교수가 되는데, 구스는 1971년부터 프린스턴, 컬럼비아, 코넬, 스탠퍼드 선형 가속기 연구소를 전전하며 지낸 박사 후 연구원 생활이 9년차에 접어들었기 때문이다.

분명히 하고 있는 연구는 잘하는 것 같은데 인상 깊은 결과가 아직 나오지 않은 것일까. 이때까지 좋은 교수직을 찾지 못한 동료들은 벌써 공부를 때려치우고, 뉴욕 증권가에서 내일의 주식 시세를 예견하는 컴퓨터 프로그램을 만들며 높은 연봉을 받고 있을 텐데. 그러나 구스는 그럴 마음이 없었다.

우리나라도 마찬가지지만 금융 회사들은 수학과와 물리학과 이론 전공자를 아주 좋아한다. 내가 예일 대학교에서 박사 학위를 받았을 때 제일 먼저 축하 카드를 보내 준 곳은 다름 아닌 뉴욕의 유명한 컨설팅 회사였다. 카드와 함께 50쪽짜리 회사 소개 안내 책자를 보내왔다. 이론 물리학자나 천문학자는 늘상 컴퓨터 프로그램으로 미분 방정식과 싸우고 있기 때문에 경제 상황을 예측하기 위해 경제학 방정식과 씨름해야 하는 자기 회사에 꼭 필요한 인재라며, 그 회사에서 일하고 있는 전직 천문학자의 사진과 일의 특성, 인터뷰 등을 보내 주었던 것 같다. 어쨌든 구스도 그런 선택지들 앞에서 고민이 많았을 것이다.

하지만 구스는 경제의 미래보다 더 흥미진진한 주제를 붙잡고 있었다. 그 연구 주제는 처음에는 코넬 대학교 박사 후 연구원 시절1977~1979년 동료인 헨리 타이Henry Tye가 제안한 것이었다. "구스, 조금 다른 연구 하나 해 보겠어? 정말 재미있는 건데, 초기 우주에 대한 연구야. 초기 우주에서 온도가 높았을 때 자기 단극자 같은 원시 입자들이 많이 만들어졌을 것으로 예상되는데 그 입자들이 지금은 왜 안 보일까? 지금이야 우주가 빛과 물질로 나뉘어 있지만, 우주가 아주 어렸을 때는 우주의 에너지가 어떤 형태를 띠었을까? 빛과 물질이 섞여 있었을 것 같은데, 그러면 물이 온도에 따라 기체, 액체, 고체로 변해 가는 것처럼 우주의 에너지도 상 변화를 하지 않았을까?" 구스 역시 듣고 보니 재미있겠다 싶었다. 곧바로 구스는 우주 상전이phase transition에 대한 새로운 연구를 시작하게 되었고 스탠퍼드로 옮기고 나서도 이 연구를 계속 했다.

상相, phase이란 물질의 상태를 말한다. 물의 경우, 상온에서는 보통 액체이지만, 온도가 섭씨 100도 이상이 되면 기체인 수증기로 변하고, 섭씨 0도 미만으로 내려가면 고체인 얼음이 된다. 이러한 고체, 액체, 기체 상태 변화를 '상전이'라고 한다. 기본적으로 같은 분자 구조를 갖는 물질이지만, 온도에 따라 분자 구조들 간의 결합 방식이 바뀌어 그 모양과 성질이 변하는 것이다. 그런데 상이 변할 때 흥미로운 일이 벌어진다.

먼저 물이 수증기로 변하는 상전이를 살펴보자. 1그램의 물의 온도를 1도 올리는 데 필요한 에너지는 1칼로리이다. 예를 들어 섭씨 20도 정도 되는 상온의 물 1그램을 목욕하기 좋은 섭씨 40도로 올리는 데는 20칼로리의 에너지가 필요하다. 마찬가지로 섭씨 99도짜리 물 1그램을 섭씨 100도로 올리는 데는 1칼로리가 필요하다. 그러면 99도짜리 '물' 1그램을 100도짜리 '수증기'로 상전이시키면서 온도를 올리는 데는 얼마만큼의 에너지가 필요할까? 놀라지 마라. 541칼로리가 필요하다. 왜냐하면 섭씨 100도짜리 물 1그램을 수증기로 바꾸는 상전이에는 온도의 변화가 없더라도 540칼로리의 기화열이 덤으로 필요하기 때문이다. 마찬가지로 고체 상태의 1그램의 얼음을 섭씨 -1도에서 섭씨 0도의 물로 변화시키려면 고체에서 액체로의 상전이에 필요한 80칼로리의 융해열의 에너지를 가해 주어야 한다. 기화열과 융해열과 같이 상전이에 필요한 에너지를 '잠열'이라고 부른다.

구스는 이러한 상전이 개념을 초기 우주에 적용했다. 오늘날의 우

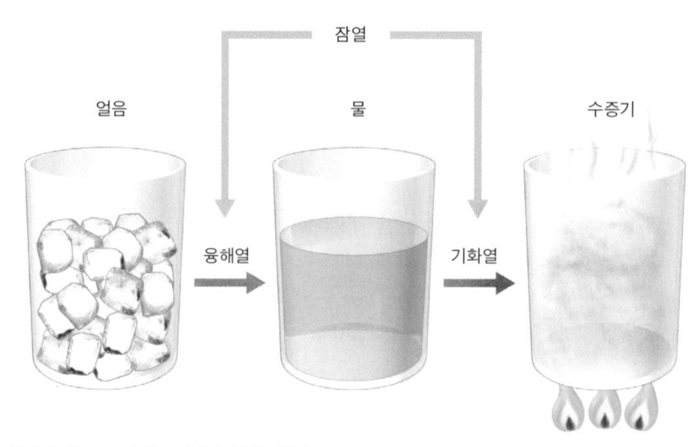

물체의 위상이 바뀔 때 잠열이 필요하다.

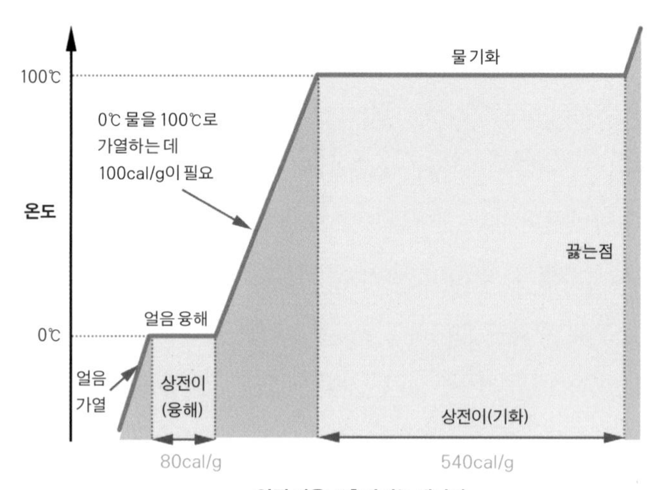

얼음이 물로 변할 때와 물이 수증기로 변할 때 필요한 잠열

주의 에너지는 바리온 물질과 암흑 물질로 이루어진 물질 에너지와 빛, 중성미자로 이루어진 복사 에너지로 분리되어 있다. 하지만 우주의 나이가 1초 정도 된 초기 우주에서는 빛 입자와 자유 전자와 바리온양성자와 중성자으로 구성된 물질 에너지가 혼탁하게 엉켜 있는 플라스마의 상태였다. 이때만 해도 벌써 네 가지 힘이 모두 분리되어 존재했다. 즉 바리온들은 중력으로 서로 끌어당기기도 하고 양성자끼리는 전자기적 척력으로 서로 밀치기도 했다. 그러니 모습만 복잡할 뿐이지 에너지 상태라는 측면에서는 지금의 우주와 크게 다르지 않았다.

하지만 우주 나이 10^{-32}초 이전으로 돌아가 보면 우주의 에너지 상태는 판이하게 다르다. 5강에서 언급한 바와 같이, 우선 입자라는 개념이 모호해진다. 바리온을 이루는 기본 입자인 쿼크조차도 이 시기에는 존재하지 않았을 것이라고 생각되기 때문이다. 중력을 제외한 나머지 힘들도 다 통합된 대통일력으로 존재했을 것이다. 새로운 형태의 입자가 존재하게 되는 순간, 예를 들어 전자기를 띠는 입자가 만들어지는 순간 전자기력이 대통일력으로부터 분리되고, 마찬가지로 새로운 입자가 만들어지는 순간 차례로 다른 힘들이 독립되었을 수도 있다.

현재까지의 연구 결과에 따르면 우주의 나이가 10^{-35}초 정도 되었을 때 우주의 에너지 구조에 큰 변화가 생기면서 대통일력에서 강력이 분리되어 나왔을 것으로 예측된다. 이때 우주는 상전이를 겪었는데, 이 상전이는 마치 섭씨 100도의 기체가 같은 온도의 물로 바뀔 때 1그램당 540칼로리의 막대한 에너지를 방출하듯이 엄청난 에너지를 우주에 방출했을지도 모른다. 이 엄청난 에너지가 우주의 급격한 팽창을 일으켰을 것으로 여겨진다.

구스는 실제로 이러한 계산을 하려고 시도했다. 얼마나 급격한 팽창이었을까? 상전이가 일어난 시간과 형태에 따라 달라지는데, 가장 단순한 지수 함수적 팽창의 경우에는 10^{-34}초부터 10^{-32}초까지 시간이 100배 정도 커지는 동안 우주의 크기는 지름으로 볼 때 10^{43}배만큼, 부피로는 10^{129}배만큼 팽창한다는 계산 결과를 얻었다.

이 결과를 바탕으로 구스는 우주 초기의 에너지 상전이가 급격한 우주의 팽창, 즉 급팽창inflation을 야기했다고 주장했다. 거의 같은 시기에 소련의 안드레이 린데Andrei Linde도 비슷한 이론을 정립했다. 린데는 급팽창이 한 번이 아닌 여러 번 있었을 가능성을 진지하게 주장했다.

그런데 이 주장이 4강에서도 등장한 바 있는 디케, 피블스를 비롯한 천문학자들에게는 큰 충격으로 다가왔다. 8강에서 다룬 빅뱅 우주론의 세 가지 문제를 기억하는가. 우주의 지평 문제, 편평도의 문제, 원시 입자의 문제. 그런데 구스의 급팽창 이론이 세 가지 문제를 모두 해결해 버린 것이다.

우선 편평도의 문제부터 살펴보자. 급팽창 이전의 우주의 에너지 밀도가 임계 밀도에 비해 어떤 값을 가졌더라도, 지수 함수적으로 팽창하는 급팽창을 겪으면 그 값이 임계 밀도와 같아진다. 뜬금없이 이게 무슨 소리인가 하겠지만, 이것을 복잡한 수식을 쓰지 않고 설명할 수 있는 방법은 없다. 조금 웃기는 이야기이지만 다음과 같은 비유가 도움이 될지 모르겠다. 급팽창 이전의 우주 밀도는 탈수 후 세탁기에서 막 꺼낸 셔츠라고 볼 수 있다. 여기저기 구겨진 모습에서 맵시 있는 셔츠를 쉽게 상상할 수 없는 것처럼 급팽창 전 초기 우주만 봐서는 지금같이 멋진 우주를 생각해 낼 수 있을 것 같지가 않다. 그런데 급팽창이라는 구스 표 최신 다리미를 사용해 쓱쓱 다렸더니 원래의 구김살이 작았든 컸든 상관없이 무조건 깨끗하게 펴지는 것이 아닌가! 그 전의 밀도가 어떠했든지에 상관없이, 급팽창은 우주의 밀도를 편평한 우주를 만들기에 적합한 임계 밀도와 같도록 만드는 것이다. 빅뱅 우주론에 따르면 한번 편평하게 만들어진 우주는 계속 편평하게 유지되므로, 급팽창을 통해 편평도의 문제를 영원히 해결할 수 있다. 급팽창은 우주의 초강력 다리미인 셈이다.

우주의 지평 문제도 보자. 우리는 우주의 나이 동안 빛이 갈 수 있는 거리인 411억 광년137억 광년×3을 정보 교환의 한계, 즉 우주의 지평이라고 생각했었는데, 이것이 틀렸을지도 모른다. 지난 137억 년의 대부분은 우리가 예측하는 것과 같이 우주가 평이하게 팽창해 왔을지라도, 급팽창이 실제로 있었다면 급팽창 기간 동안에는 우주가 부피로 10^{129}배 이상 팽창했을 것이므로, 지금 우리가 볼 수 있는 지평은 실제 우주의 지극히 작은 일부에 불과한 것이 되어 버리고 만다. 이 지평보다 거의 무한히 더 큰 지역이 사실은 급팽창 중의 한 부분에 불과했고, 따라서 인과 관계가 이미 그때 맺어졌다는 것이다.

한별이와 호마리우의 경우로 돌아가 보자. 한별이가 귀국해 자세히 알아보니, 한별이의 선조 선조의 선조의 선조의 선조의, …… 선조의 형제가 한반도에 정착한 일족을 떠나 베링 해협을 건너 아메리카 대륙

급팽창 이론을 주장한 앨런 구스(1)와 안드레이 린데(2)

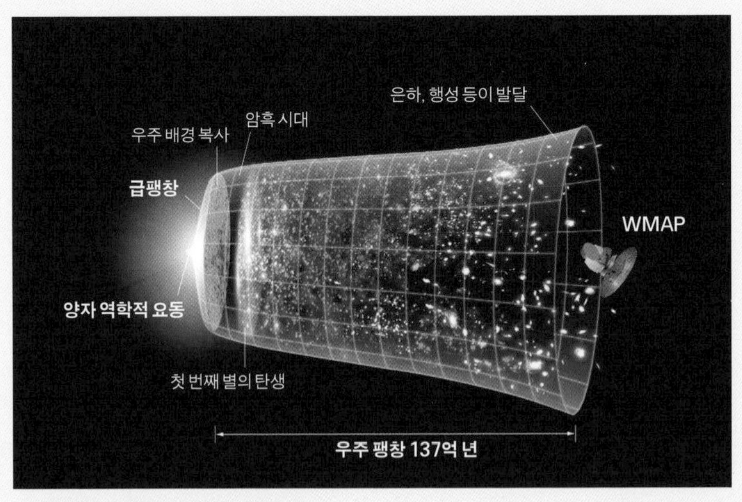

우주 팽창의 역사를 간략하게 그린 그림

에 정착했고 그 후손이 호마리우인 것이다. 물론 억지가 심하다. 하지만 내가 하고자 하는 말은 지금 보기에는 인과 관계가 없어 보이고 우주의 지평 밖에 있어 보이는 우주의 먼 부분들도, 급팽창 시기에는 당시의 지평 안에 포함되어 있을 수도 있다는 것이다. 자, 우주의 지평 문제도 해결되었다.

원시 입자의 문제 또한 자연스럽게 해결된다. 실제 우주가 지금 우리가 보고 있는 우주의 지평보다 무한히 더 크다면 급팽창 전 초기 우주에서 만들어진 원시 입자들이 급팽창을 통해 아주 넓게 퍼져 실제 우리가 볼 수 있는 지평 내에서 찾을 확률이 지극히 낮아지게 된다. 앞의 강의에서 예로 든 보물찾기에서 보물 100개를 전 세계 여기저기에 고르게 숨겨 놓았다면 학생들이 그걸 찾을 확률은 0이 아니겠는가!

이처럼 구스의 급팽창 이론은 빅뱅의 세 가지 문제를 단번에 해결했다. 빅뱅 우주론을 선호하면서도 세 가지 문제 때문에 고심하던 많은 우주론 연구자들과 천문학자들이 급팽창 이론을 반겼음은 두말할 필요도 없다. 그래서 오늘날 가장 신빙성 있는 우주론을 말하라면 '급팽창이 전제된 빅뱅 우주론'이라고 말하는 것이다.

그러면 모든 문제가 해결되었는가? 천만에! 급팽창 이론은 세 가지 문제를 해결했지만 여전히 우리에게 풀리지 않는 수수께끼를 남겼다. 우주의 다리미인 급팽창이 일어났다면 우리 우주는 편평한 우주여야 하는데 아무리 찾아봐도 물질 에너지 밀도는 임계 밀도의 28퍼센트 정도밖에 안 되고 복사 에너지 밀도는 턱없이 작기 때문이다. 우리는 아직도 잃어버린 에너지 문제를 안고 있는 것이다.

그런데 그 해결책이 약 100년 전에 아인슈타인의 실수로 인해 제시되었다면 믿겠는가?

● **매사추세츠 공과 대학(MIT)**

MITMassachusetts Institute of Technology라는 이름으로 더 유명한 이 대학은 칼텍과 쌍벽을 이루는 과학 기술 대학의 표본이다. 하버드 대학교와 같은 미국 매사추세츠 주 케임브리지 시영국의 케임브리지 시와는 다르다.에 있는 이 대학에는 천문학과가 따로 없지만 걸출한 천문학자와 우주론 연구자 들이 많이 포진하고 있다. 그 중 최고의 스타는 물론 본문에 소개된 앨런 구스와 은하 질량 분포 함수의 권위자 폴 셱터Paul Schechter, 은하 역학의 창시자 알라르 툼레Alar Toomre이다.

응용 수학과 교수인 툼레는 모든 사람이 은하 분류법에 대해 고민하고 있던 1970년대에, 획기적인 컴퓨터 모의 실험을 통해 나선 은하 간의 병합이 타원 은하를 만들 수 있다는 혁명적인 논문을 발표했다. 지금도 그와의 첫 만남이 생생하게 기억난다. 그의 강연을 들은 적이 있는데, 한 시간 동안 그 육중한 할아버지가 공중을 여러 번 뛰어오르면서 은하들 간의 역학적 상호 작용에 대해 설명하는 다이나믹한 모습이란. 툼레 교수는 은하 역학 연구의 지존으로 인정받고 있지만 실제로 발표한 논문의 수는 지극히 적다. 교수로 재직하던 수십 년 동안 단 10개의 논문을 저명한 학술지에 게재했다. 이분이 오늘날 우리나라에서 교수로 재직했다면 정년 보장을 못 받고 쫓겨났을 것이다. 그러나 툼레 교수의 논문은 대부분 새로운 천문학의 지평을 여는 획기적인 것이어서 앞으로 100년이 지나도 회자될 만한 논문이다. 그의 업적을 연간 논문수로 평가하는 것은 얼마나 졸렬한가!

내가 14년간의 외국 생활을 마치고 3년 전 귀국했을 때 생전 처음 접하는 용어들이 있었다. 그중 하나가 과학 인용 지수science citation index, SCI라는 것이다. 과학 인용 지수가 높은 학술지에 몇 편의 논문을 발표했는가가 교수들의 재임용, 승진, 정년 보장을 좌우한다. 이러한 숫자 계산은 우리나라의 연구가 과학 선진국에 비해 많이 부족했을 때, 국제 기준에 도달하기 위해 도입한 것일 거라고 생각한다. 하지만 이제는 우리나라도 선진국 수준에 도달하거나 능가한 분야가 많다. 단순하게 논문을 몇 개 썼는가와 같은 비교보다는, 발표한 논문들이 실제로 얼마나 인용되고 인정받는가를 평가하는 등 한 걸음 나아간 방법을 도입해야 한다고 생각한다.

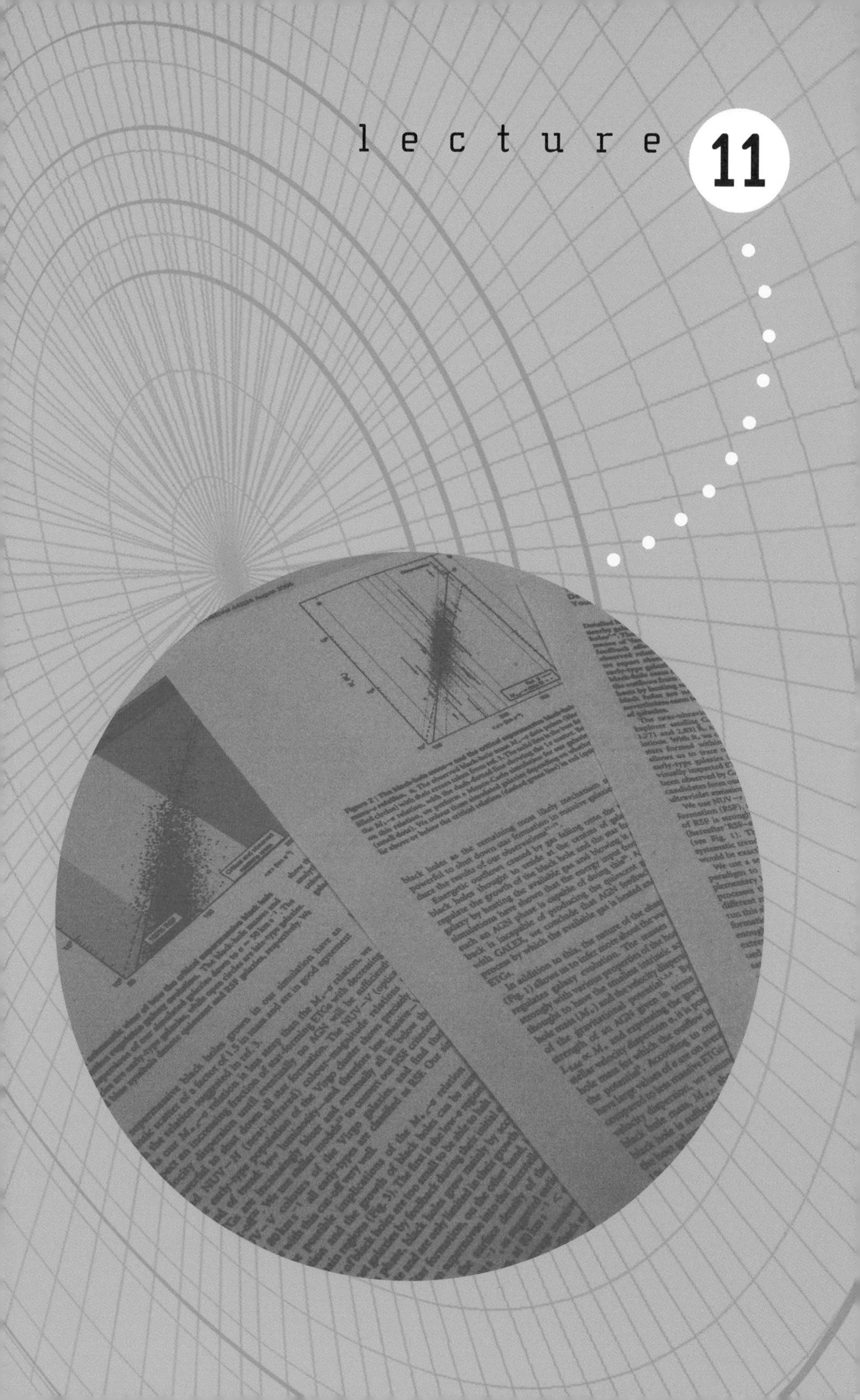
lecture
11

정체 모를 에너지가 우주를 지배한다!

1997년, 기억도 생생하다. 나는 당시 박사 학위를 마치고 첫 번째 직장으로 미국 항공 우주국 고더드 우주 비행 센터에서 일하고 있었다. 그런데 어느 날, 암흑 에너지dark energy의 증거가 발견되었다는 소문이 우리 연구소 내에 급속도로 퍼졌다. 이 이야기는 이름도 멋진 초신성으로부터 시작한다.

초신성은 별이 갑자기 엄청난 에너지를 발산하며 밝게 빛나는 현상을 말한다. 초신성은 그 밝기가 어마어마해 가장 밝을 때에는 순간적으로 수천억 개의 별을 가지고 있는 은하보다 더 밝아지기도 한다. 따라서 마치 없던 별이 새로 생긴 것처럼 보인다. 초신성은 우주 곳곳에서 생기는데, 비교적 가까이에서 발견된 게자리 초신성의 잔해, 게성운의 모습은 실로 장관이다.

초신성은 방출하는 빛의 성질에 따라 1형과 2형으로 분류되고, 각

특성에 따라 세분된다. 그중 1a형 초신성들은 최대 밝기가 똑같은 것으로 유명하다. 이러한 성질은 매우 유용하다. 왜냐하면 천문학자들은 별의 거리를 잴 때 별의 원래 밝기와 겉보기 밝기를 비교하기 때문이다. 예를 들어 100와트짜리 전구를 보는 두 사람에게 그 밝기가 4배 차이 나게 보인다면, 4배 더 어둡게 보이는 사람이 전구로부터 2배 더 먼 거리에 있는 것이다.

1a형 초신성들의 최대 밝기는 왜 같을까? 내가 가장 존경하는 천체 물리학자 수브라마니안 찬드라세카르Subrahmanyan Chandrasekhar 박사의 백색 왜성 이론으로 이 원리를 설명할 수 있다. 그를 사랑하고 존경하는 이들은 '찬드라'라는 애칭으로 부르기도 한다. 과학 신동 찬드라세카르는 당시 영국의 식민지였던 인도에서 중등 교육을 마치고 영국의 케임브리지 대학교로 유학을 갔다. 그곳에서 23세의 젊은 나이에 별의 최후에 대한 연구로 박사 학위를 받고 일약 스타덤에 올랐다. 1933년의 일이다.

찬드라세카르는 거대한 기체 덩어리인 별이 최후를 맞이할 때 어떻게 될지 연구했다. 그의 계산에 따르면 보통의 별은 일생을 마친 후 중력 수축해 고밀도의 천체가 된다. 표면 온도가 10만 도 정도로 보통의 별들보다 훨씬 뜨거운 이 고밀도의 몸집이 작은 천체를 백색 왜성white dwarf이라고 부른다. 흰색의 난쟁이 별이라는 뜻이다.

백색 왜성은 핵융합을 하지 않는다. 그런데 그러면 문제가 하나 생긴다. 백색 왜성 같은 고밀도의 별의 막강한 중력은 다른 별에서와 마찬가지로 별의 물질을 한 점으로 모아 수축하려 한다. 일반적인 별의

게성운 초신성 폭발의 잔해는 그 크기가 10광년이 넘는다. 지구에서 이 초신성을 1054년에 관측했다.

수브라마니안 찬드라세카르

경우에는 핵반응에서 만들어지는 압력이 이 수축하는 힘을 막아 낸다. 그렇다면 핵융합을 하지 않는 백색 왜성은 어떻게 이 막강한 중력을 이겨 내고 그 모양을 유지하는가?

백색 왜성을 지탱하고 있는 힘이 곧 전자 축퇴縮退, degenerate 압력이다. 별이 중력으로 수축하게 되면 별을 이루는 원자와 원자 사이의 거리도 좁아지고, 원자들이 서로 맞붙어 원자 자체의 크기도 작아진다. 그러면 원자를 이루는 전자들이 돌아다닐 수 있는 공간이 작아지면서 전자들 역시 가까워진다. 그러나 전자들 사이의 거리를 좁히는 데는 한계가 있다. 하나 이상의 전자가 같은 장소에는 있을 수 없기 때문이다. 이것이 파울리의 배타 원리이다. 이 파울리의 배타 원리에 따라 전자가 공간을 빽빽하게 채우고 있으므로 더 이상 수축하지 못한다. 이렇게 전자가 빽빽하게 배열된 상태를 축퇴 상태라 하고 이 상태에서 중력의 수축에 저항하는 힘을 전자 축퇴 압력이라고 한다.

그러나 전자 축퇴 압력에도 한계는 있다. 찬드라세카르는 이렇게 전자 축퇴 압력으로 중력 수축을 막을 수 있는 한계가 태양 질량의 1.44배 정도라고 주장했다. 백색 왜성이 어떤 연유에서든 이 이상의 질량을 가지게 되면 전자 축퇴 압력도 더 이상 중력 수축을 막을 수 없게 된다. 일단 중력 수축이 일어나면 위치 에너지가 급격히 열 에너지로 바뀌어 새로운 핵융합이 일어나 걷잡을 수 없는 폭발이 일어나게 된다. 이 한계, 즉 태양 질량의 1.44배를 '찬드라세카르 한계' 혹은 '찬드라세카르 질량'이라고 한다.

이 백색 왜성 이론은 천문학계에 큰 충격을 안겨 주었다. 어떤 사람들은 감동을 받았지만, 늘 그렇듯이 더 많은 사람들이 그 의미를 이해하지 못했다. 이해하지 못한 사람 중에 사실은 꼭 이해해야 했던 사람도 있었다. 바로 같은 케임브리지 대학교의, 기사 작위까지 받은 위대한 천체 물리학자 아서 에딩턴 교수였다.

1930년대 당시 자타가 공인하는 세계 최고의 천문학자 에딩턴은 별의 내부 구조에 대해서는 일인자였다. 얼마나 똑똑한 사람이었는지 다음과 같은 전설이 있다. 1915년 아인슈타인이 일반 상대성 이론을 발표하면서 질량이 있는 물질의 존재로 인해 시공이 휘고 심지어 빛조차도 휜 시공을 따라 움직여야 한다고 주장했을 때, 대부분의 사람들은 그 의미를 알지 못했다. 그때 한 기자가 에딩턴 박사를 찾아가서 물었다. "사람들이 말하기를 지금 지구상에서 일반 상대성 이론을 이해하는 사람이 단 세 명밖에 없다고 하는데 그게 맞습니까?" 에딩턴은 골똘히 생각에 잠겼다. 기자가 다시 물었다. "무슨 생각을 그리 깊이 하십니까?" 그랬더니, "아, 지금 세 번째 사람이 누구인지 생각 중이오." 하더란다. 한 명은 상대성 이론을 만든 아인슈타인이고, 다른 하나는 에딩턴 자신인데, 세 번째 사람은 누굴까 생각했던 것이다. 이럴 정도로 에딩턴의 카리스마는 대단했다. 실제로 그는 1919년 아프리카 프린시페 섬에서 개기 일식 현상을 관측해 별의 빛이 상대성 이론이 예측했던 것만큼 휘어지는 것을 발견해 상대성 이론을 최초로 검증한 사람이기도 하다. 그런 그가 볼 때 젊은 학생에 불과한 찬드라세카르가 수행한 백색 왜성 연구는 그저 말이 되지 않는 것이었다.

결국 당대 최고의 교수에게 인정받지 못한 찬드라세카르는 본인이

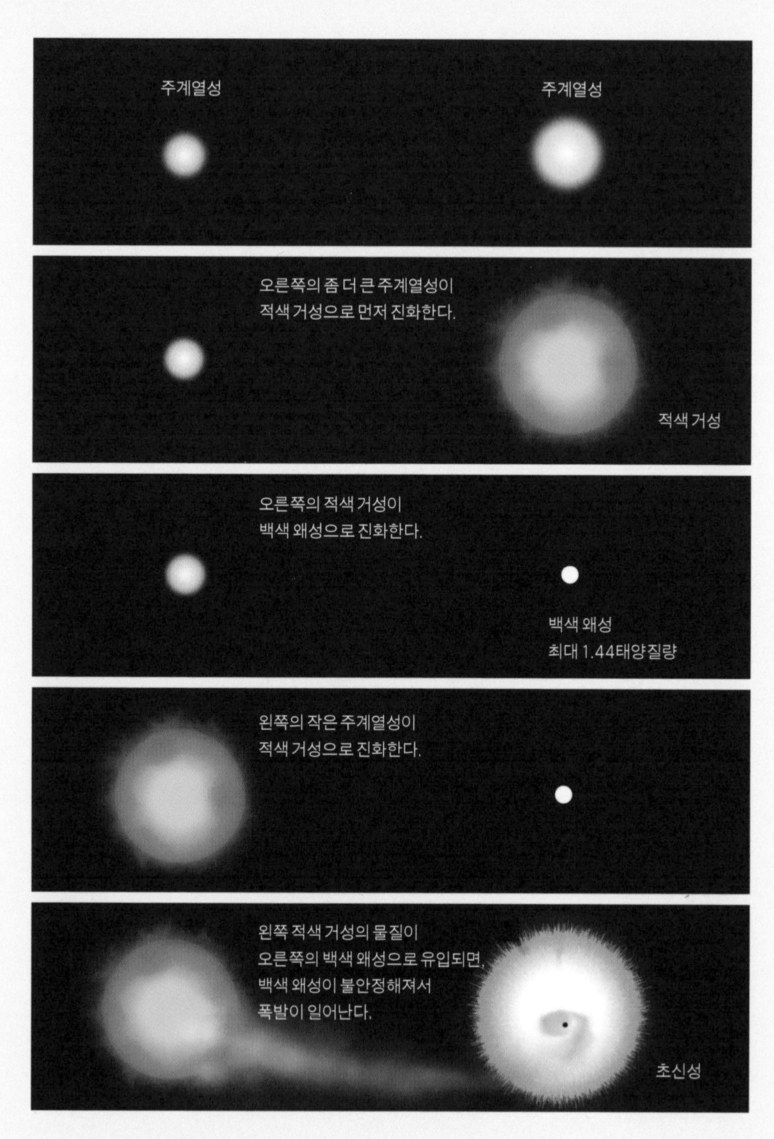

1a형 초신성의 폭발 과정(상상도)

희망하던 영국에서 교수직을 얻지 못하고, 미국 시카고 대학교로 가게 되었다. 1937년의 일이다. 1933~1937년에는 영국 트리니티 칼리지에서 일했다. 그곳의 교수로 있으면서 항성 내부 구조 연구, 플라스마 물리학, 천체 역학 등 여러 분야에 전설적인 연구를 수행했다. 결국 그는 백색 왜성에 대한 연구를 인정받아 뒤늦은 1983년에야 노벨상을 수상했다.

찬드라세카르 질량이라는 개념은 왜 1a형 초신성들이 늘 같은 밝기를 유지하는가를 자연스럽게 설명한다. 그 개념에 따르면 백색 왜성의 질량은 태양 질량의 1.44배보다 클 수가 없다. 대부분의 백색 왜성들은 이렇게 태양 질량의 1.44배보다 작은 질량을 가진 채 점점 식어 가며 별의 일생을 마친다. 그런데 그러한 백색 왜성이 다른 별과 짝을 이루며 쌍성으로 존재하는 경우를 생각해 보자. 부피가 큰 짝별이 이 백색 왜성에 가까이 있다면, 이 백색 왜성은 짝별로부터 기체를 끌어올 수 있을 것이다. 백색 왜성의 질량이 찬드라세카르 질량보다 현저히 작을 때는 이렇게 새로운 질량이 유입되는 것이 큰 문제가 되지 않는다. 그러나 백색 왜성의 질량이 찬드라세카르 질량과 거의 같은 경우에는 약간의 질량 유입도 새로운 중력 수축과 핵융합 반응으로 이어져 큰 폭발을 일으킬 수 있다. 이때 1a형 초신성 폭발이 일어나는 것이다. 이러한 폭발은 늘 찬드라세카르 질량과 비슷한 질량을 가진 백색 왜성에서 일어난다. 결국 초신성의 밝기는 주로 폭발하는 별의 질량에 따라 좌우되므로 1a형 초신성들의 최대 밝기는 늘 같은 것이다. 194쪽 그림 참조

1a형 초신성의 이러한 성질은 우주론 연구에 최적이다. 우선 그 원래 밝기를 미리 알고 있으므로 겉보기 밝기를 측정해 쉽게 거리를 알

수 있다. 여기서 잠시 허블의 우주 팽창설을 상기해 보자. 허블은 우리 은하로부터 멀리 떨어진 은하일수록 멀어져 가는 속도가 더 빠르다는 것을 발견해 우주 팽창 패턴을 찾아냈다. 하지만 이러한 허블의 우주 팽창 연구는 관측된 개별 은하까지의 거리를 정밀히 알아야만 그 의미가 있는데, 은하들까지의 거리를 결정하는 것은 어려운 일이었다. 허블이 당시 사용한 거리 측정 방법은 비교적 가까운 은하에만 적용할 수 있다. 예를 들어 일정한 주기를 가지고 밝기가 변하는 세페이드Cepheid 변광성이나 거문고자리 RR형 변광성은 그 원래 밝기가 잘 알려져 있어서, 이러한 별들을 포함하는 은하들의 거리를 추정해 낼 수 있다. 하지만 변광성들은 초신성에 비해 현저히 어두워서 멀리 있는 경우에는 관측이 불가능하다. 따라서 일반적인 허블 우주 팽창 관측은 변광성이 발견될 수 있는 거리, 즉 1억 광년 정도까지만 가능했다. 즉 과거 1억 년 동안만의 우주 팽창을 알아낼 수 있었던 것이다. 그런데 초신성은 보통의 별보다 훨씬 더 밝으므로 이보다 훨씬 먼 거리에 있어도 관측할 수 있다. 지금까지 발견된 가장 먼 1a형 초신성은 100억 광년이나 떨어져 있다. 따라서 초신성을 이용하면 아주 먼 과거까지 우주 팽창 역사를 탐구할 수 있는 것이다.

1997년에 두 연구팀이 거의 동시에, 1a형 초신성을 이용해 우주가 팽창해 온 과정을 연구한 결과를 발표했다. 내가 고더드 연구실에 있을 때 연구원들을 흥분의 도가니로 몰아넣은 연구 결과가 바로 이것이었다. 한 팀은 호주 국립 대학교의 브라이언 슈미트Brian Schmidt가 주축이 되었고, 다른 한 팀은 캘리포니아 주립 대학교 버클리 캠퍼스에

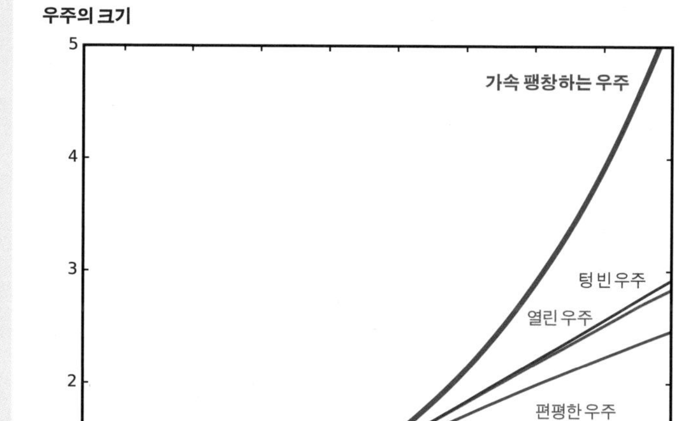

초신성을 통해 과거 100억 년 동안의 우주를 관찰한 결과, 우주는 감속 팽창이 아닌 가속 팽창을 하고 있는 중이다.

있는 솔 펄머터Saul Perlmutter가 이끌었다. 두 팀은 각기 관측한 수십여 개의 1a형 초신성을 이용해 우주의 먼 거리까지 관측한 후 우리 우주가 팽창해 온 과정을 찾아냈다. 그들의 연구 결과는 놀라운 것이었다. 우주의 팽창 과정이 결코 허블과 프리드만이 생각했던 것처럼 간단하지 않았기 때문이다.

우주 역사의 반 이상을 들여다보는 이 연구에서 우주의 팽창은 단순한 감속 팽창이 아닌 것으로 보였다. 7강의 내용을 상기하자. 텅 빈 우주의 경우, 공중으로 던진 공은 관성이 있어서 계속 같은 속도로 움직일 것이다. 하지만 조금이라도 물질이 있는 우주라면 공의 속도가 우주 자체의 중력 때문에 시간이 갈수록 속도가 줄어드는 감속 운동을 할 것이다. 허블이 가까운 우주만 관측해서 발견한 우주 팽창의 역사는 감속 팽창에 가까운 것처럼 보였다. 하지만 초신성 연구를 통해 훨씬 더 먼 우주의 팽창 패턴을 보니 우주가 과거에는 감속했다가 이제는 약간 가속하며 팽창하는 것처럼 보이는 게 아닌가!

가속 팽창하는 우주! 시간이 지날수록 팽창 속도가 증가하는 우주. 하지만 이런 우주는 상상할 수가 없다. 공중으로 던진 공의 속도는 점점 줄어들게 마련이다. 만일 지구가 존재하지 않아서 중력이 없다고 하더라도 속도가 일정한 등속 운동을 해야 한다. 그런데 만일 공이 감속 운동하는 것처럼 보이다가 일정 시간 후부터는 가속 운동을 한다면 어떻게 이해해야 하는가? 상식적으로 이런 상황은 있을 수가 없다. 내가 만일 이런 일을 목격했다면 눈을 여러 번 비비고 내가 제정신인가, 혹은 공에 엔진이 달렸나 확인할 것이다.

그런데 놀라지 마라. 이런 우주가 있을 수 있다. 3강에서 우리는 아인슈타인의 고민을 함께 살펴보았다. 팽창하는 우주를 알지 못한 아인슈타인은 자체 중력으로 수축해야 할 것 같은데 그렇지 않아 보이는 우주를, 본인이 옳다고 믿었던 '정적인 우주'로 만들기 위해 중력에 반하는 힘, 즉 우주 상수를 도입했다. 하지만 후에 허블이 우주 팽창의 증거를 발견하자, 아인슈타인은 우주 상수를 도입한 것이 자신의 실수라며 사과하기에 이르렀다. 그런데 팽창하는 우주에 우주 상수가 실제로 존재한다면, 그러한 우주의 팽창 패턴은 초신성 연구로부터 얻은 결과와 놀랍게도 거의 일치한다. 즉 물질이 있는 우주가 빅뱅으로 인해 팽창하면 초기에는 물질의 당기는 힘이 세기 때문에 감속 팽창을 한다. 우주의 밀도는 우주가 팽창함에 따라 점점 낮아지고, 따라서 물질이 우주의 팽창에 미치는 영향도 작아진다. 그러나 우주 상수의 영향력은 우주가 팽창을 해도 일정하다. 말 그대로 '상수常數, constant'인 것이다. 따라서 시간이 지날수록 우주 상수가 우주 팽창에 미치는 영향이 상대적으로 더욱 중요해지는 것이다. 아인슈타인이 원래 고안했던 것처럼 우주 상수의 역할은 에너지를 증가시킴으로써 우주의 팽창을 돕는 것이다. 곧 반反중력으로 작용한다. 따라서 우주 에너지에서 우주 상수가 차지하는 비중이 커지기 시작하면 가속 팽창 우주가 가능하다.

그럼 초신성 연구가 제시하는 우주 상수의 크기는 얼마일까? 정말 놀라운 일이 벌어졌다. 이 두 연구팀의 결과에 따르면 바리온 물질의 에너지 밀도가 4퍼센트, 암흑 물질이 24퍼센트, 우주 상수가 차지하는 에너지 밀도는 약 72퍼센트였다. 세 가지 에너지를 합하면 우주의 에너지 밀도는 임계 밀도와 같게 된다. 우주의 에너지 밀도가 급팽창 과정 동안 임계 밀도와 같아진다는 급팽창 이론의 예측이 정확히 맞아떨어진 것이다.

아, 이게 무슨 조화란 말인가? 약 100년 전에 과학계는 물론 고안자조차 내팽개쳤던 우주 상수가 부활하고 있다. 우리가 관측한 우리 우주의 팽창 패턴을 잘 설명할 뿐만 아니라, 그 값 역시 임계 밀도의 72퍼센트로서 이제까지 설명하지 못했던 임계 밀도의 빈 영역바리온 물질과 암흑 물질을 제외한 부분을 말끔하게 메워 준다. 드디어 급팽창 이론의 요구 조건도 만족하고 빅뱅 우주의 세 가지 문제로부터 자유로운, 우주론 연구자 입장에서 볼 때 '아름다운' 우주론이 발견된 것이다. 적은 수의 초신성 관측 자료에 의거한 현재의 연구 결과가 더 많은 초신성을 연구한 결과하고도 일치한다면 매우 고무적인 일이 될 것이다.

이렇게 우주 상수가 중요한 역할을 하는 경우에는 7강에서 배운 우주의 운명에 대한 이해에 중요한 수정이 필요하다. 7강에서는, 편평한 우주는 그 물질 에너지 밀도가 임계 밀도와 같고, 천천히 팽창한다고 말했다. 하지만 반중력적인 효과를 나타내는 우주 상수가 우주 에너지의 대부분을 차지하는 우주의 경우에는, 총 에너지 밀도가 임계 밀도와 같은 '기하학적으로 편평한' 우주라도 결국 가속 팽창을 하게 된다. 따라서 우주 상수 에너지가 중요한 우주에서는 '편평하다.=천천히 팽창한다.'라는 등식이 더 이상 성립하지 않는다. 또한 우주 상수의 도움으로 우주의 에너지 밀도가 임계 밀도보다 높아지는 경우, 우주

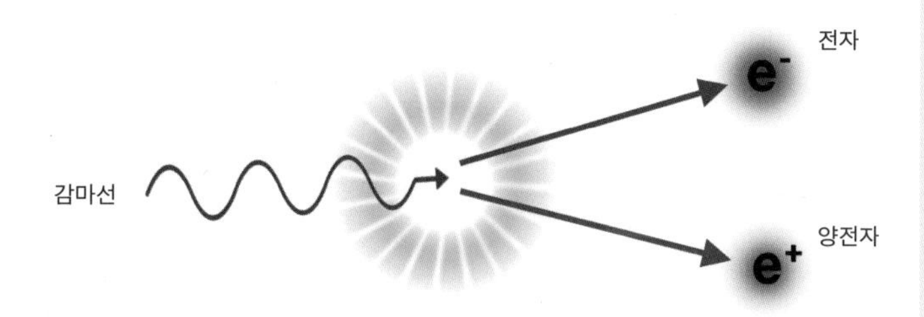

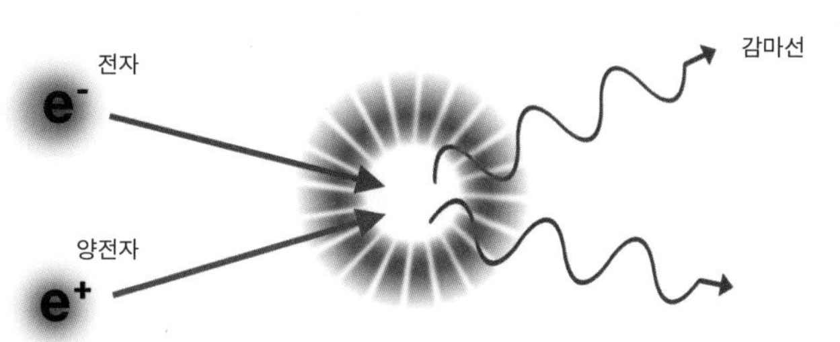

쌍생성과 쌍소멸

는 기하 구조에 따라 닫힌 우주가 되지만 빠르게 가속 팽창한다. 자세한 내용은 너무 복잡해서 아무래도 천문학 전공 책에서 다루어야 할 것 같다.

그러면 우주 상수의 정체는 무엇인가? 우주 공간이 팽창함에도 불구하고 그 값이 변하지 않고 일정하게 유지되는 에너지가 있을까?

이러한 상황을 비유로 설명해 보자. 앞에서도 여러 번 나왔던 한별이가 다시 등장한다. 한별이는 충주에 계신 삼촌으로부터 사과 한 상자를 소포로 받았다. 들어 보니 묵직한 게 잘 익은 큰 사과가 10개쯤 들어 있는 것 같다. 그런데 상자를 열어 보니 웬걸 사과가 3개밖에 없다. 음? 분명히 꽤 무거웠는데……. 상자 통째로 무게를 달아 보니 10킬로그램이다. 사과 3개를 달아 보니 각각 1킬로그램이다. 그러니 사과 7개 분량의 무게가 비는 것이다. 사과 상자가 무겁나 봤더니 보통의 가벼운 종이 상자다. 이게 무슨 일인가? 우리 우주는 사과 3개만 가진 것으로 보이는 사과 상자와도 같다. 여기서 추리 소설 좀 읽었거나 과학적 사고를 가진 독자는 "아하! 사과 상자 안의 공간에 잘 보이지는 않지만 뭔가 있는 것이 아닐까?" 하고 추측할 것이다. 맞다. 수많은 과학자들도 우주 '공간'이 가지는 에너지가 우주 상수일 것이라고 예측하고 있다. 왜냐하면 우주 공간은 계속 팽창하고 있는데 그 안에서 단위 공간당 변화하지 않는 것은, 역설적이지만 바로 공간 그 자체밖에 없기 때문이다.

공간, 즉 진공이 가지는 에너지라고? 상식적으로는 이해가 되지 않을 것이다. 양자 역학적으로 볼 때 진공은 아무것도 없는 공간이 아니다. 에너지를 가진다. 그저 아무것도 없어 보일 뿐이다. 진공 상황에서 입자와 반입자는 동시에 생성되고쌍생성 그들은 우리에게 관측되기 전에 아주 짧은 순간에 다시 서로 만나 소멸쌍소멸한다. 하지만 우리가 진공이라고 알고 있는 빈 공간은 입자와 반입자의 쌍생성과 쌍소멸이 끊임없이 일어나는 역동적인 공간인 것이다. 하지만 우리가 가지고 있는 관측 기술은 쌍생성과 쌍소멸이 일어나는 짧은 시간 동안의 일들을 관찰하기에는 부적합하다. 따라서 우리는 진공이 아무것도 없는 것이라고 생각하는 것뿐이다.

이게 말이 되냐고 흥분하는 독자도 있겠지만 이미 여러 실험으로 증거도 확보된 상황이다. 대표적인 예로 네덜란드 필립스 연구소의 헨드리크 카시미르Hendrik Casimir 박사의 실험이 있다. 카시미르 실험의 개요는 이렇다. 진공 상태 속에 얇은 금속판 두 개를 평행하게 놓는다. 그리고 시간이 흐르면, 희한하게도 두 금속판이 중력으로 끌어당기는 것보다 더 강하게 서로 끌어당긴다. 이것은 금속판들 사이의 진공에서 쌍생성으로 인해 생긴 입자 중에 파장이 긴 입자만 선별적으로 판을 통과해 빠져 나가기 때문이다. 빠져나간 입자들이 금속판 밖의 압력을 높이고 판을 밀어서 서로 가까워지게 만드는 것이다. 이 실험은, 진공에서도 우리가 볼 수 없는 현상들이 일어나고 거기에 수반되는 에너지가 있음을 증명하는 것이다.

우리는 지금 진공이 가지는 에너지를 추산할 수 있다. 우리가 우주에 대해 아는 게 많지 않기 때문에 이 계산 결과가 정확하지는 않다. 그런데 만약 여러 연구팀이 계산한 결과를 종합해 보니, 우주 상수의 정체라고 믿어지는 진공 에너지의 양이 0.72가 아니고 7.2라면 어떨까? 임계 밀도의 7배인 셈이다. 그래도 "흠, 좋지 않아. 하지만 좀 더 연구해 볼 가치가 있겠는걸." 할 것이다. 0.72가 아니고 1,000이라면, "흠, 뭐가 잘못되어도 크게 잘못되었군." 할 것이다. 그런데 1억이라면? 포기해야겠지. 그런데 놀라지 마라. 과학자들이 추산해 낸 값은 0.72와는 거리가 너무나도 먼 10^{120} 정도이다. 오타가 아니다. 따라서 정말로 진공 에너지가 우주의 가속 팽창을 일으키는지는 아직 확실하지 않다. 이것이 우리가 이 정체 모를 에너지를 암흑 에너지라고 부르는 이유이다. 다시 한번 말하지만, 암흑이라고 해서 나쁜 느낌을 주려는 것은 아니다. 단지 잘 모른다는 뜻에서 그렇게 부를 뿐이다.

진공 에너지 외에도 암흑 에너지의 후보로서 거론되는 것들이 있다. 하지만 아직까지는 진공 에너지만큼 호소력 있는 것은 없어 보인다. 진공 에너지가 정말 암흑 에너지일까? 그렇다면 무엇 때문에 지금의 진공 에너지 계산 값이 그렇게 엉뚱할까?

아인슈타인은 우주 상수의 존재를 제안했다가 스스로 휴지처럼 구겨 버리며 인생 최대의 실수라고 말했다. 하지만 거의 한 세기가 지난 지금 우주 상수가 부활하고 있다. 그가 제시했던 우주 상수가 오늘날 그 비밀이 서서히 밝혀지고 있는 암흑 에너지의 성질을 모두 가지고 있는 것처럼 보인다. 그의 인생 최대의 실수가 어쩌면 그의 인생에서 가장 신통력 있는 발명이었을지도 모른다. 그리고 초신성 관측을 통해 가속 팽창 우주의 증거를 찾은 솔 펄머터, 브라이언 슈미트, 그리고 아담 리스 Adam Riess는 2011년에 노벨 물리학상을 수상했다.

● 하버드 대학교

수준 높은 학교일수록 천문학과의 연구 활동도 활발하다. 이것은 세계 공통이다. 하버드 대학교도 예외가 아니다. 최근 세계 대학 순위에서 줄곧 1위를 차지하는 하버드 대학교는 천문학에서도 최상위권이다. 미국 매사추세츠 주의 케임브리지 시에 위치한 이 대학교는 유구한 역사만큼이나 천문학의 역사도 깊다. 할로 섀플리Harlow Shapley, 조지 필드George Field, 윌리엄 프레스William Press, 존 허크라John Huchra 등 이름만 들어도 흥분되는 천문학자의 대명사들이 하버드를 보금자리 삼았다.

하버드 대학교는 세계 최대의 단일 천문 연구소인 스미스소니언 천체 물리학 연구소를 운영하기도 한다. 찬드라세카르 박사의 이름을 딴 찬드라 엑스선 우주 망원경을 운영하고, 1a형 초신성 연구의 선두 주자 브라이언 슈미트의 박사 학위

지도 교수였던 로버트 커시너Robert Kirshner 등의 연구를 통해 암흑 에너지 관측 연구의 새로운 산실로 떠오르고 있다.

하버드 대학교는 조교수가 정년 보장 교수로 승진하는 비율이 낮은 것으로 악명 높다. 내가 아는 한 사람이 하버드 대학교 교수의 정년 보장 승진 심사를 다녀왔는데, 조교수의 정년 보장 심사에 대학 총장이 직접 나와서 외부 심사 위원들의 철저한 심사를 요구하더란다. 그러면서 "심사 대상 교수가 그 분야에서 세계 최고입니까?" 하고 묻더란다. 얼마나 도발적인가? 이제 겨우 정년 보장 심사를 받는 '애송이'에게 세계 최고이기를 바라는 것이다.

우리나라도 최근 들어 과학계를 중심으로 세계 첨단 수준의 연구를 수행하기 위해 노력하는 모습이 눈에 띈다. 승진과 재임용이 연구의 양과 질에 따라 결정되는 시대가 되었다. 검증 · 승진 시스템에 아직 채워야 할 부분은 많지만, 분명 연구자들에게 긍정적인 자극제 역할을 하리라는 것은 분명하다. 현장 연구자들과 학교 당국, 그리고 정부 관계자가 지혜를 모아 간다면 조만간 우리나라 연구력이 하버드 대학교를 능가해 세계적인 수준이 될 날이 올 것이라 믿는다.

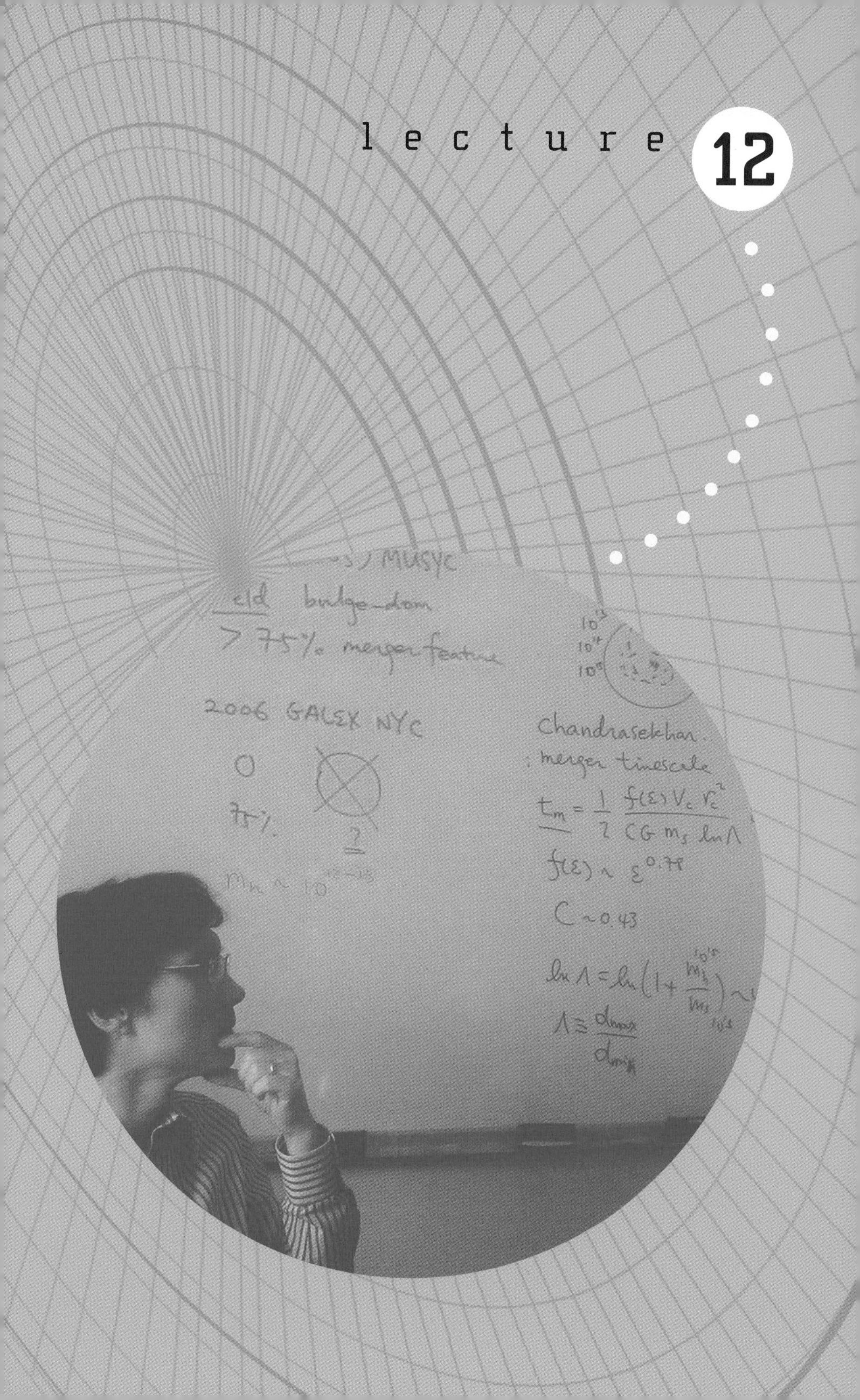

lecture 12
MUSYC
bulge-dom
> 75% merger feature
2006 GALEX NYC
75%
Chandrasekhar.
: merger timescale
C~0.43

우주 배경 복사의 비등방성

최근 우주론의 가장 큰 쾌거는 우주 배경 복사의 비등방성에 관한 발견이다. 나는 앞서 5강에서 우주 배경 복사가 어떻게 처음 전파 신호의 잡음으로 발견되었는지, 그리고 후에 그 잡음 속에 또 다른 깨알 같은 잡음이 발견되었는지 소개했다. 이 잡음 속의 잡음을 때론 통칭하여 비등방성이라고 부르는데 그 우주론적 의미가 크다.

내가 옥스퍼드 대학교로 옮긴 2001년, 그때 받은 충격을 잊을 수가 없다. 갑자기 우리 학과의 세미나에 우주 배경 복사에 관한 최신 연구 결과가 자주 등장했다. 우주 배경 복사라면 나도 이전부터 잘 알고 있었는데, 이 당시 세미나의 주제는 뭔가 새로웠다. 우주 배경 복사의 '비등방성anisotropy'에 관한 것이었기 때문이다. 이게 왜 화제가 될까?

내가 우주론 강의를 할 때 종종 쓰는 표현이지만, 우주가 어떻게 팽창해 왔는가를 수학적으로 기술하는 것은 박병호 선수의 홈런 공의 궤적을 예측하는 것보다 쉽다. 뭐라고? 우주 팽창을 표현하기 위해서는 복잡한 미분 방정식을 풀어야 한다는데, 그게 어찌 홈런 공의 궤적을 구하는 것보다 쉬울 수가 있을까 질문하겠지만, 사실이다. 그 이유는 여러 가지 다양한 방법으로 설명할 수 있지만, 무책임할 정도로 간단히 말하자면, 우주가 거의 완벽하게 균일homogeneous하고 등방적isotropic이기 때문이다. 일명 '우주론의 기본 원리'라고 한다.

표준 우주론의 가장 기본적인 가정은 우주가 큰 규모로 볼 때 균일하고 등방적이다는 것이다. 균일한 것과 등방적인 것에 관해 예를 들어 보자.211쪽 그림 참조 벽돌로 구성된 벽을 보면 격자가 균일하다. 벽 어디를 보더라도 주변 환경이 같다는 뜻이다. 하지만 등방적이진 않다. 등방이란 그 위치에서 어느 방향으로 보든지 다 같다는 뜻인데, 벽돌들이 만나는 점에서 주변을 보는 모습과 벽돌 한가운데서 보는 모습은 서로 다르다. 반면에 호수에 던져진 돌 주위로 퍼지는 파문은 동심원을 그리며 커져 가는 형태로서, 결코 균일하지는 않지만 파문의 중심에서 볼 때 등방성을 유지한다. 바로 이 두 기본 가정이 우주 팽창을 수학적으로 기술하는 것을 쉽게 만든다. 큰 규모로 보면 우주가 어느 곳이나 동일하게, 또 어느 방향으로 보든지 동일하게 팽창해 왔다는 것이다.

그런데 우주의 등방성이 도전을 받았다. 5강에서 소개한 WMAP 우주 배경 복사 천도68쪽 아래와 그것보다 최근에 더 정밀한 관측을 통해 얻은 유럽 우주국European Space Agency의 플랑크 우주 망원경Planck Space Telescope의 우주 배경 복사 천도를 보면, 균일하다고는 말할 수

우주가 거의 완벽하게 균일하고 등방적이라는 것을 '우주론의 기본 원리'라고 한다. 똑같이 생긴 벽돌로 만들어진 벽은 균일하다. 그러나 등방적이지는 않다. 반대로 호수에 던진 돌이 만드는 동심원의 물결은 균일하지 않지만 등방적이다.

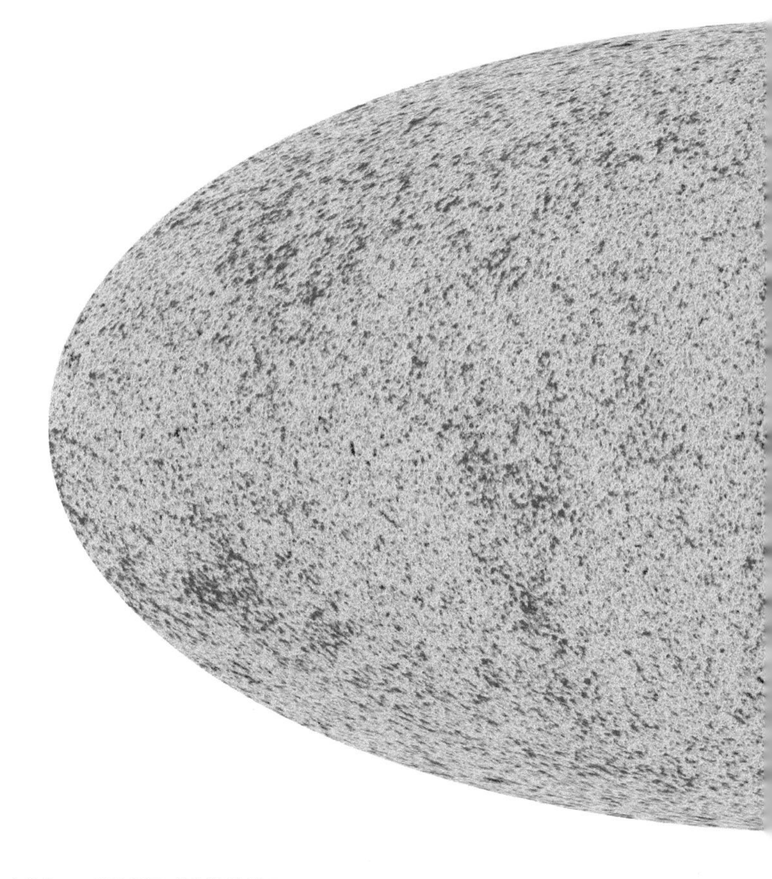

플랑크 우주 망원경으로 얻은 우주 배경 복사 천도

있을지 모르겠으나 확실히 비등방적이다. 깨알같이 분포하는 뜨거운 지점과 차가운 지점들은 무엇을 의미하는 걸까? 우주 배경 복사 천도를 눈으로 보아서는 도무지 뭘 보고 있는 것인지 알 수가 없다. 깨알 같은 온도 분포는 단지 잡음에 불과한지 아니면 뭘 또 가르치려 하는지.

과학자들은 이 천도그렇다. '하늘 지도'라는 뜻이다!의 뜨겁고 차가운 지점들의 공간 분포와 크기를 푸리에Fourier 분석이라고 부르는 수학적 방법을 통해 분석했다. 푸리에 분석을 쉽게 설명하면 다음과 같다.214쪽 그림 참조 만일 밴드 드럼의 큰북이 10초에 한 번씩 주기적으로 꾸준히

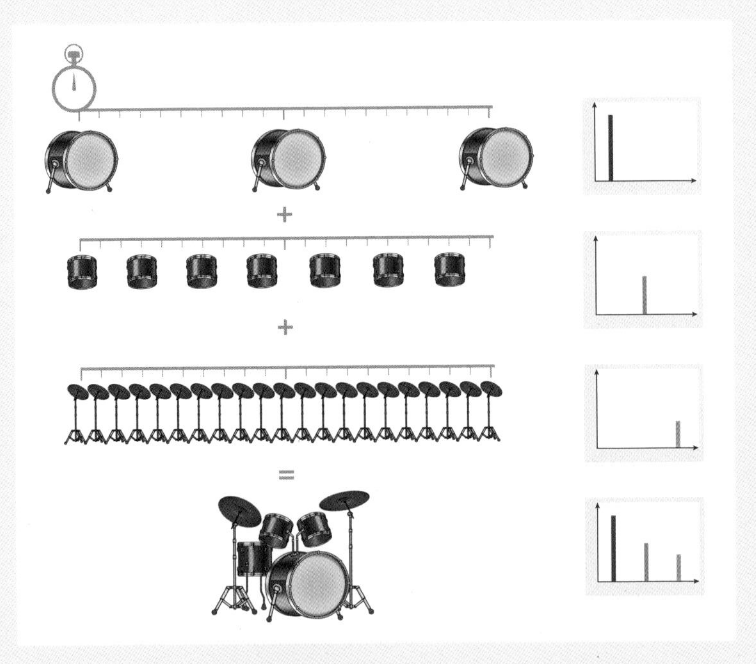

밴드 드럼의 푸리에 분석. 밴드 드럼의 큰북이 10초에 한 번씩 주기적으로 울린다고 하면 푸리에 분석상 "10초 주기 큰북"이라고 부를 수 있다. 더불어 3초 간격으로 작은북이, 1.2초 간격으로 심벌즈가 울린다면, 간단히 "10초 주기 큰북, 3초 주기 작은북, 1.2초 주기 심벌즈"가 된다. 오른쪽 그래프는 이 악기들의 연주를 주기에 따른 신호 세기로 간단히 나타낸 것이다.

매우 크게 울린다고 하면 이 수많은 큰북의 울림은 푸리에 분석상 "10초 주기 큰북"이라고 간단히 부를 수 있다. 거기에 더불어 3초 간격으로 작은북이 울린다면, 우리 귀가 바빠질 테지만 푸리에 분석에 의하면 "10초 주기 큰북과 3초 주기 작은북"으로 간단히 기술한다. 거기에 또 더하여 1.2초 주기로 심벌즈가 울리면 어떨까. 이렇게 복잡한 주기 비율로 들리는 서로 다른 소리를 사람의 귀로 분간해 내기란 여간 어려운 일이 아니다. 하지만 푸리에 분석을 하면 간단히 "10초 주기 큰북, 3초 주기 작은북, 1.2초 주기 심벌즈"가 된다. 과학자들이 좋아하는 x-y축 그래프로 그리면 딱 줄 3개로 모든 것을 나타낼 수 있다.

학자들은 우주 배경 복사에 나타난 뜨겁고 차가운 점들의 크기와 공간 분포비등방성에 푸리에 분석을 적용했다. 그 결과 놀라운 우주의 비밀을 알게 되었다. 우주 배경 복사의 비등방성으로부터 다양하고 뚜렷한 신호를 찾아낸 것이다. 큰북의 소리에 해당하는 가장 뚜렷한 비등방성은 대략 1도의 각도를 가진다. 1도 내에서 같은 온도를 보여 주는 확률이 높고, 비슷한 온도를 보이다가도 1도를 넘어 가면 온도가 달라진다는 뜻이다. 하늘을 한 바퀴 빙 둘러 관측하면 360도이니 1도는 꽤 작지만, 그보다 더 작은 깨알 같은 비등방성이 더 많으므로 가장 큰 규모의 비등방성에 속한다. 그러면 각도 1도는 도대체 뭘 의미하는가?

각도 1도는 우주 배경 복사가 벌어진 빅뱅 후 38만 년 당시 우주의 지평의 크기38만 광년를, 137억 년 동안 팽창한 후 먼 거리약 411억 광년에서 보게 될 때 나타나는 각도이다. 우주의 지평horizon이란 8강에서 설명했듯 우주 역사의 한 시점에 정보가 전달될 수 있는 한계 크기를 말

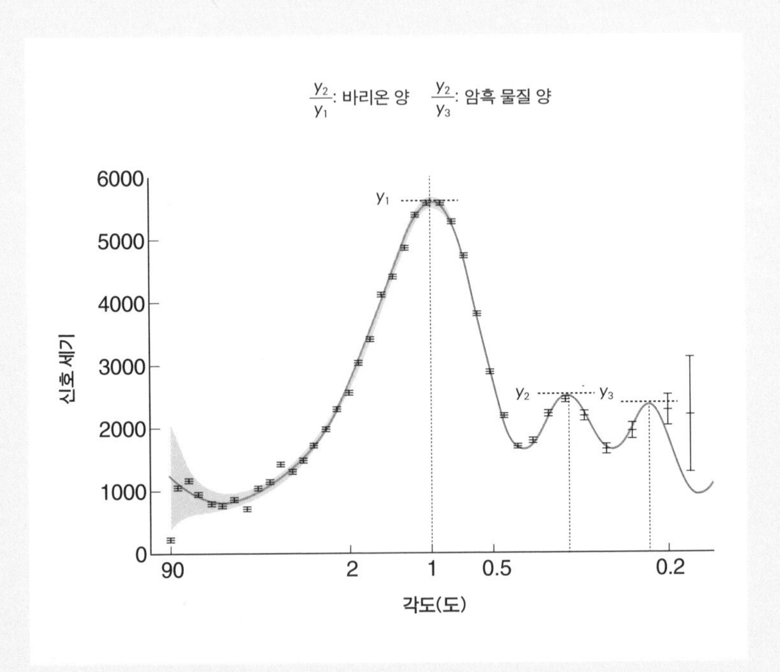

우주 배경 복사의 비등방성에 푸리에 분석을 적용한 결과. 이때 신호 세기는 주어진 각도의 관측 범위를 경계로 우주 배경 복사의 온도가 변하는 정도, 즉 비등방성의 세기를 나타낸다. 그래프에 따르면 각도가 1도일 때 온도 변이가 가장 크다. 이를 통해 우주가 편평하다는 것을 알 수 있다. 더 나아가 가장 뚜렷한 신호 3개의 세기를 비교해 바리온과 암흑 물질의 양을 구할 수도 있다.

한다. 천문학적으로 볼 때 정보는 주로 빛을 통해 전달되고 빛의 속도는 일정하므로, 빅뱅 1초 후 우주의 지평은 1광초, 1년 후 우주의 지평은 1광년, 그리고 38만 년 후 우주의 지평은 38만 광년인 것이다. 38만 광년의 한계를 넘어선 지점은 서로 정보예를 들어 온도를 교환할 충분한 시간이 없었다. 따라서 우주 배경 복사에도 그렇게 드러나는 것이다. 잡음처럼 보이는 비등방성이 빅뱅 이론의 중요한 예측, 즉 우주 배경 복사 당시와 현재의 나이, 그리고 우주의 팽창 역사 등을 정밀하게 나타내고 있는 것이다.

만일 우주의 기하 구조가 음이나 양으로 휘었다면, 즉 우주의 팽창 과정이 편평한 우주의 예측과 달랐다면, 이 각도 값은 1도와 다르게 나와야 한다. 만일 우주의 기하가 음으로 휘었다면 38만 광년 크기의 우주의 지평은 우리의 현재 위치에서 휘지 않은 정상적인 공간 구조에서 기대되는 각도인 1도보다 더 작게 보여야 하고, 양으로 휘었다면 더 크게 보여야 한다. 그런데 관측된 값은 비교적 정밀하게 1도를 나타내어, 우주가 급팽창 이론이 제시하는 바와 같이 편평하다는 것을 보인다.

비밀의 문은 더욱 넓게 열렸다. 우주 배경 복사의 가장 뚜렷한 두 개의 푸리에 신호로부터 우주에 얼마나 많은 바리온 물질이 있는지도 알 수 있다. 가장 뚜렷한 1도 각도의 비등방성과 비교할 때, 두 번째로 큰 각도약 0.5도를 보이는 비등방성의 신호는 우주에 바리온이 많을수록 반비례하여 약해진다. 이론 예측과 비교하여 얻어진 바리온 양은 우주 총 에너지의 4퍼센트로서, 빅뱅 핵융합으로부터 도출한 우주의 바리온 양13강 참조과 일치한다. 놀라운 일이다.

더 나아가 가장 뚜렷한 푸리에 신호 3개의 세기를 비교하여 암흑 물질의 양도 구할 수 있다. 이 세 신호의 세기비는 우주에 얼마나 많은 물질이 존재하는가에 따라 다르게 예측되는데, 물질의 총량을 바리온과 암흑 물질로 나눌 수 있다면, 이미 바리온 양은 알고 있으므로, 암흑 물질의 양도 자연히 알게 되는 것이다.

가장 큰 신호, 두 번째와 세 번째 큰 신호 등에 관해 이론적으로 예측을 한다는 것은 뭘 말할까? 그것은 악기의 원리와 비교할 수 있다. 우주 배경 복사는 빅뱅 후 38만 년의 우주의 상황을 보여 준다. 고온의 어린 우주는 빛과 물질이 혼탁하게 뒤섞여 있어서 마치 하나의 플라스마 유체 덩어리로 비유할 수 있다. 실제 우주는 얼마나 더 컸는지 알 수 없지만, 그 당시 우주의 나이에 따른 지평의 크기는 38만 광년이다. 우리는 정보가 공유되는 이 지평을 38만 광년 크기의 북으로 비유할 수 있다. 이 북은 빅뱅 직후 있었던 급팽창에 의해 양자 역학적 진동의 형태로 울린다. 울린 북은 다양한 파장의 소리를 낸다. 그중 가장 크고 뚜렷한 소리, 즉 기본 모드fundamental mode는 북의 지름의 두 배에 해당하는 파장을 가진다. 큰 북일수록 더 낮은 음을 내고, (현악이든 관악이든) 긴 악기일수록 더 낮은 음을 내는 이유다. 하지만 하나의 북이 단 하나의 음만을 내는 것은 아니다. 가장 큰 음은 북의 지름의 두 배를 파장의 길이로 갖지만, 그 파장을 정수로 나눈 값의 파장을 가지는 음 또한 만들어진다. 예를 들어 어떤 북이 1미터 지름을 가진다면, 2미터 파장의 음을 내는 기본파와 1미터 파장의 제1배음first overtone, 0.67미터 파장의 제2배음second overtone 등 다양한 파장의 음이 동시에 나온다. 모든 악기는 이렇게 다양한 음을 동시에 내고, 그중 다양한 음이 멋지게 조화를 내는 경우 명기로 불린다.

우주 배경 복사를 만들어 낸 우주야말로 명기이다. 급팽창에서 출발한 진동이 우주 곳곳에서 동시 다발적으로 악기를 울린다. 각각 지평으로 정의된 악기는 우주 곳곳에서 기본 모드각도 1도로 음을 내고 제1배음, 제2배음, 제3배음 등의 음을 조화롭게 냄으로써 우주의 북을 울린다. 그 연주는 137억 년을 지난 후 우주 배경 복사를 관측하는 망원경으로 검출되고, 우리는 그 연주를 푸리에 분석하여 우주의 기하 구조, 나이, 에너지 구성 등 실로 많은 것들을 밝혀낸다. 이보다 더 멋진 악기, 이보다 더 멋진 연주가 어디 있을까!

2009년에 유럽 우주국이 쏘아 올린 플랑크 우주 망원경은 비등방성 연구의 극치를 보여 준다. 플랑크가 제공한 자료를 푸리에 분석한 결과 우리는 2차 방정식의 해를 근의 공식으로 찾았을 때처럼 희열을 느낀다. 겨우 10년 전 푸리에 분석으로 가장 큰 신호 두어 개를 찾고 흥분했던 때와 비교해 볼 때, 오늘날의 결과는 실로 경이롭다. 일곱 번째 신호까지 아름답게 찾아진 우주 배경 복사의 비등방성은 빅뱅 이론 예측과 놀라운 일치를 보인다. 비등방성이 제시하는 우주는, 급팽창 이론이 요구하는 편평한 기하, 암흑 물질 관측이 요구하는 바리온 물질과 암흑 물질의 에너지 구성비, 그리고 초신성 관측이 제시하는 암흑 에너지의 양을 놀랄 만큼 근사하게 제시한다. 간단한 큰북 비유로 우주를 푼 것이다. 가끔 우리 학생들이 질문하듯이, 일곱 번째 신호까지 아름답게 재현해 내는 이 상황이 만일 우연한 일치의 결과라면,

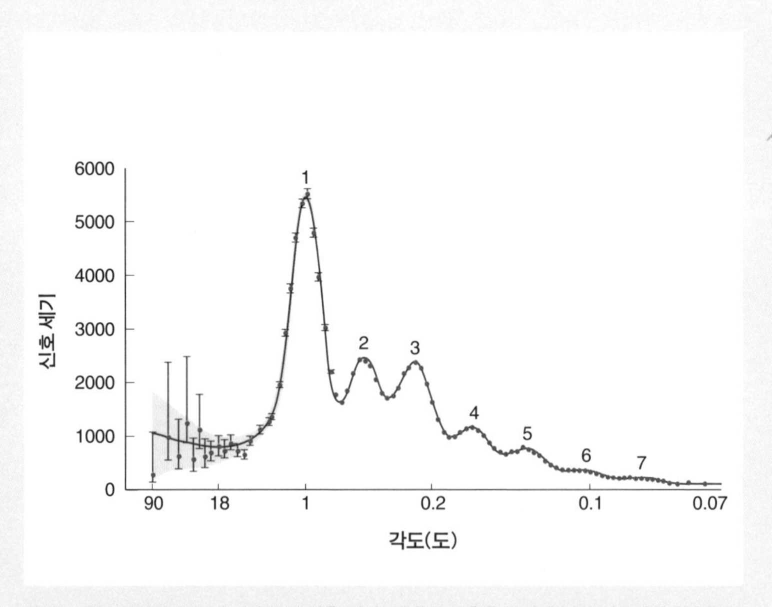

플랑크 우주 망원경의 우주 배경 복사 관측 결과. 정밀한 관측을 통해 뚜렷한 비등방성 신호를 7개까지 찾아냈다. 7개의 신호에 대응하는 각도는 1도를 포함해 그것의 배음에 해당하는 각도로, 이론적인 예측과 일치한다.

우리는 당장 오늘 거리로 나가 복권을 사야 한다. 비슷한 우연이 내게 오늘 허락된다면 사는 복권마다 모두 1등 당첨이 될 것이므로.

13강에서는 현재까지 알려진 우주론적 이해를 요약할 것이다. 지난 100여 년 동안 르메트르-허블 팽창 관측을 통한 우주 팽창률 측정, 은하 분포를 통한 물질 에너지양 측정, 은하 회전 속도를 통한 암흑물질의 양 측정, 초신성을 이용한 암흑 에너지 측정 등 수없는 연구가 제시하는 우주론적 지식이 우주 배경 복사의 비등방성 연구 하나로 다 확인이 되었으니, 참으로 엄청난 연구 결과다.

이 시점에 일부 독자는 우주 배경 복사의 비등방성이 존재하는 것이 우주론의 원리균일성과 등방성를 위협하는 것은 아닐까 염려하겠지만, 안심하라. 그렇지는 않다. 우주는 큰 규모로는 여전히 균일하고 등방적이다. 다만 작은 규모로 섬세한 차이가 존재하는 것이다. 이 섬세한 차이는 또한 훗날 은하가 탄생할 요람이 된다.14강 참조

2005년경 귀국했을 때, 학생들이 우주론 연구를 하고 싶다고 조언을 구하면 나는 주저 않고 우주 배경 복사의 비등방성 연구를 추천했다. 예상대로 그 후 10여 년 동안, WMAP와 플랑크 우주 관측 자료는 수없이 많은 찬란한 논문의 기초가 되었다. 2016년 현재 우리는 빅뱅 이론 패러다임 안에서 알고 싶은 대부분의 질문의 답을 우주 배경 복사, 특히 비등방성 관측을 통해 얻게 되었다. 1960년대 최초의 우주 배경 복사 발견이 빅뱅의 증거를 제공했다면, 비등방성은 빅뱅의 자세한 내용을 알려 주었다. 요즘 학생들이 내게 와서 우주론 연구를 하고 싶다고 하면 고민에 잠긴다.

● 호주 국립 대학교

이 책이 처음 출판된 후 제일 많이 듣는 평 중 하나가 "연구소 소개글이 재밌던데요?"이다. 쩝. 그래서 이번에 개정판을 찍으면서 "연구소 소개글"에 조금 신경이 쓰였다. 초판에 이미 소개되지 않은 곳 중 딱 하나만 뽑아야 한다면, 그 결정은 쉽다. 시드니 남서쪽으로 300킬로미터쯤 떨어진 호주의 수도 캔버라에 있는 호주 국립 대학교Australian National University이다. ANU라는 약칭으로 주로 불리는 이 대학교는 천문학 및 천체 물리학 연구실 Research School of Astronomy and Astrophysics이라는 단위로 천문학과를 운영하고 있는데, 그 활약이 대단하다. 최근 들어 시드니 대학교, 멜버른의 스윈번 대학교, 퍼스의 서호주 대학교 등의 약진이 크지만, ANU의 아성이 아직은 뚜렷하다. 호주와 더불어 이 대학은 역사가 짧지만, 영국의 문화와 가치를 많이 계승한다는 점에서 거의 영국의 현대화된 모습이라고 볼 수 있다. 국기도 영국 국기를 담고 있고, 심지어 영국 국왕을 자신의 국왕으로 섬길 지경이니 더 이상 무슨 말을 할까.

우리 한국의 천문학은 이 대학과 깊은 인연이 있다. 나의 연세 대학교 석사 과정 시절 지도 교수였던 천문석 교수님가명 아니다.은 이 대학에서 박사 학위를 취득했다. 그 후 우리 학과에서만 5~6명의 학생을 보내 모두 성공적인 박사를 만들었으니, 우리 한국과의 '케미'가 매우 좋은 학교임에 틀림없다.

그 교수진을 훑어 보자. 우선 천문석 교수님의 지도 교수이자 이 학과 최고의 석학 켄 프리먼Ken Freeman 교수가 있다. 막대 은하 연구로 시작했지만 프리먼 법칙으로 더 유명한 분이다. 아마도 지난 100년 동안 호주가 배출한 가장 위대한 천문학자가 아닐까 싶다. 아인슈타인 같은 외모와머리도 그만큼 총명하다. 아담한 신체 사이즈가 기억에 남을 만하다. 언젠가 스위스 학회 참석 때 나와 함께 점심 식사를 한 적이 있는데, 심각한 어투로 "항공료는 반드시 탑승객의 체중에 비례해서 부과해야 해!"라고 말했던 기억이 난다. 거인 같은 스위스 취리히 사람들 사이에서 난 주위 눈치를 보느라 밥이 어디로 넘어가는지 알 수 없었다. 측광의 대가 마이클 베셀Michael Bessell과는 또 다른 잊지 못할 기억이 있다. 내가 예일 대학교에서 대학원생일 때, 측광 필터의 특성을 깡그리 바닥부터 독학한 적이 있다. 들춰 보던 논문 중 가장 중요한 논문이 베셀 교수의 것이었는데, 그중 하나에 실린 중요한 공식에 오류가 있었다. 당시만 해도 드물게 사용했던 이메일로 지구 반대편에 계신 그분께 메일로 문의했더니, 그야말로 하루도 안돼서 오류를 인정하고

호주 국립 대학교의 천문학 및 천체 물리학 연구실

내 발견을 축하해 주시는 게 아닌가. 이렇게 유명한 분들은 답도 안 해 주실 것 같았는데. 내가 요즘 모르는 학자들로부터 메일 문의를 받으면 그때마다 답을 해 주려고 노력하게 만드는 에피소드이다.

그 외에 행성상 성운 진화의 대가 피터 우드Peter Wood, 태양의 화학 조성에 관해 40년 넘게 평온했던 학계를 뒤흔들고 있는 마틴 아스플룬트Martin Asplund, 성간 기체 연구의 선두 주자 마이클 도피타Michael Dopita, 서베이 연구의 일인자 매튜 콜리스Matthew Colless, 방출선 연구의 떠오르는 리더 리사 큘리Lisa Kewley, 별 탄생 연구의 신예 마크 크럼홀츠Mark Krumholz, 그리고 '뭐 별건 아니지만' 초신성을 이용한 암흑 에너지 연구로 노벨상을 받은 브라이언 슈미트11강 참조도 여기에 있다. 나는 이들 중 매튜와 리사와는 현재 여러 논문을 함께 작성 중이다.

나는 2년 전부터 호주가 주도하고 있는 SAMI 은하 분광 관측 프로젝트에 참여하고 있는데, 공동 연구를 위해 매년 두세 차례 호주를 방문한다. 2015년 6월의 SAMI 팀 미팅일명 'SAMI busy weeks'은 ANU에서 열렸다. 호주 겨울의 쾌적한 날씨 속에서 열띤 토론을 진행하다가 머리를 식히려 건물 밖으로 나가곤 했다. 한 발 두 발 학회장 건물을 떠나 볼품없는 관목 지대를 향해 투덜거리며 걸어 내려가다가 이내 누가 날 노려보고 있다는 느낌을 받았다. 대낮이 아니었다면 무서웠을 순간, 미동도 없이 마치 밤하늘의 별들처럼 꼼짝 않고 나를 바라보고 있는 캥거루 가족을 발견했다. 신기해서 휴대 전화로 사진을 찍어서 가져와 동료들에게 보여줬더니, "아, 캥거루. '개' 몇 마리 봤다고 재밌다는 거야?"라고 하는 게 아닌가.

호주는 한국과 함께 거대 마젤란 망원경을 건설하고 있는 파트너이기도 하다. 앞으로 수십 년 동안 같은 목표를 가지고 함께 미래 과학을 이끌어 갈 동반자. 게다가 시차도 거의 없어 여행이 수월한 친구. 하하. 좋아할 이유가 너무 많다.

lecture
13

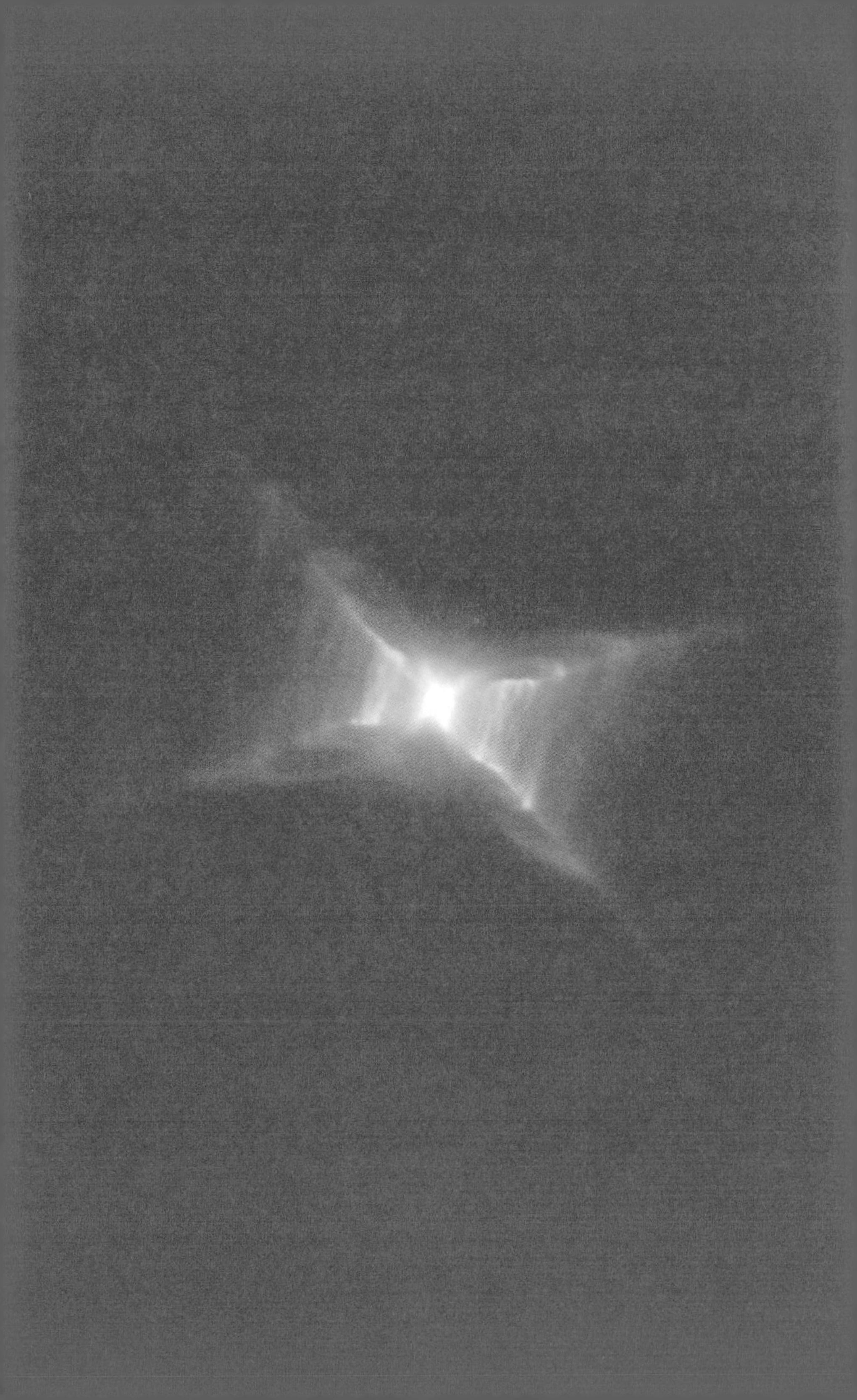

우리가 아는 것은 겨우 4퍼센트

마치 벽돌을 하나씩 쌓고 있던 중, 문득 눈을 들어 보니 꽤 집다운 집이 만들어지고 있는 것을 발견하는 경험을 한 적이 있는가? 아니면 작은 집짓기 장난감 블록을 쌓다가 이런 경험을 한 적은 없는가? 빅뱅 우주론의 역사를 이야기해 온 이 강의가 마침 이 대목에 들어섰다. 서로 완전히 다른 각도에서 진행된 연구들이 여기저기에서 서로 들어맞기 시작하더니 그럴듯한 우주의 모습 하나가 그려지기 시작한 것이다. 우리는 드디어 우주의 역사를 알게 된 것인가? 지금까지 알아본 빅뱅 우주론에 따른 우주의 모습은 다음과 같이 요약할 수 있다.

우주는 팽창하고 있다. 이 팽창이 왜 시작되었는지 알 수는 없지만 초기 우주의 에너지의 상태가 바뀌어 가는 과정 중에 최소한 한 번 이상의 급팽창이 우주 팽창에 크게 기여한 것으로 생각된다. 급팽창으로 인해 우주는 짧은 시간 동안 급격한 부피 팽창을 겪었고, 따라서 지금 우리가 볼 수 있는 우주는 실제 우주의 극히 일부에 불과하다. 일반적인 우주의 팽창 과정은 상대성 이론에 바탕을 둔 빅뱅 우주론으로 비교적 근사하게 기술할 수 있다.

급팽창은 우주의 에너지 밀도를 임계 밀도로 만들었다. 한번 편평하게 만들어진 우주는 계속 편평하게 유지된다. 따라서 지금의 우주도 편평하다. 우주는 눈으로 보고 마음으로 상상하는 것과 같은 공간 구조를 가졌으며 큰 규모로 볼 때 뒤틀림이 없다. 편평한 우주의 팽창은 급격하지 않고 점진적이며 안정되고 오래 유지된다. 우리 우주는 과학자들이 말하는 아름다운 우주인 것이다.

우리 우주의 에너지는 다양하다.229쪽 그림 참조 우리가 잘 알고 있는 바리온 물질은 우주 총 에너지의 단지 4퍼센트 정도만을 차지한다. 빅뱅 핵합성 이론과 실제 관측 결과가 이것을 뒷받침한다. 이보다 6배 많은 에너지, 즉 24퍼센트의 에너지가 암흑 물질의 형태로 존재한다. 암흑 물질은 비록 그 정체는 확실하지 않지만 중력 상호 작용을 하는 것만큼은 확실해 보인다. 따라서 바리온 물질의 움직임을 통해 암흑 물질의 존재와 양을 알 수 있다. 암흑 물질은 아마도 우주 초기에 온도가 매우 높았을 때 만들어진 입자일 확률이 크다. 암흑 에너지는 우주 총 에너지의 무려 72퍼센트 정도를 차지하며 우주의 팽창에 가장 중요한 역할을 하고 있는 것으로 보인다. 하지만 그 정체를 아직도 알지 못한다. 가장 그럴듯한 후보는 진공 에너지이며, 이것은 아인슈타인이 거의 한 세기 전에 제안했던 우주 상수와 그 효과가 유사하다.

빅뱅 우주론이 옳다면 우리 우주는 4퍼센트의 아는 것과 96퍼센트

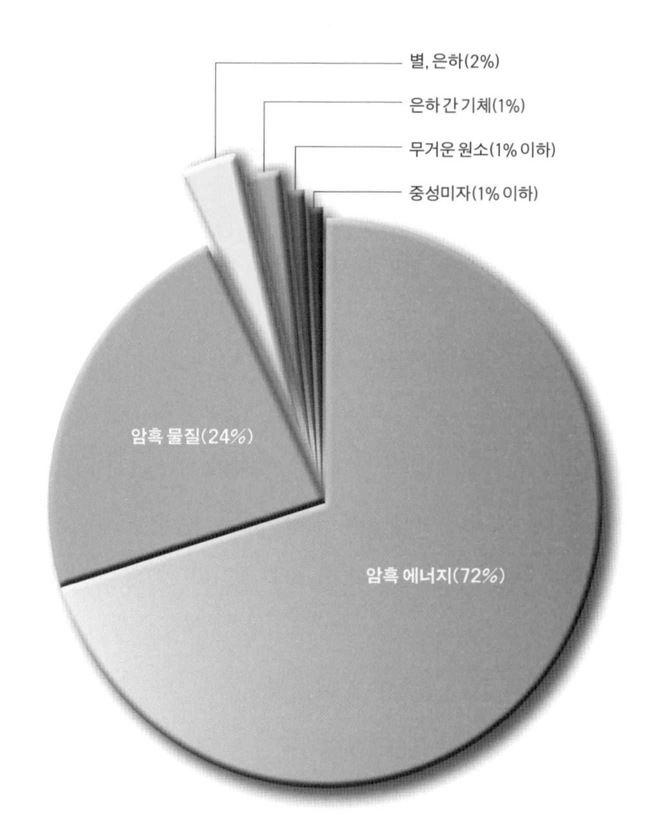

조화 모형에 따른 우주의 구성

의 모르는 것으로 이루어져 있다. 우리가 아는 것은 우리가 거의 대부분 모른다는 것이다. 그러면 우리는 아는 것인가, 아니면 모르는 것인가? 아는 것이란 무엇일까? 어떤 철학자는 말할 수 없는 것은 말하지 말고, 모르는 것도 말하지 말라고 했다. 그러나 그 정체를 정확히 알지 못한다고 그 존재에 대해 말해서는 안 되는 것일까? 우리 삶이 얼마만큼 불확실한가? 사랑만 해도 그렇다. 보지도, 알지도 못하지만 우리는 사랑을 말하고 사랑을 한다. 보이는 것이 전부가 아니듯, 모른다고 끝나는 게 아니다.

우주의 에너지 구성과 허블 상수 등을 이용하면 우주의 나이를 계산할 수 있다. 허블 상수가 작을수록, 우주의 밀도가 작을수록, 암흑 에너지가 클수록 우주의 나이가 커진다. 1990년까지만 해도 우주의 나이에 대해서는 의견이 분분했다. 우주론적인 나이는 100억 년 정도밖에 안 되는 반면, 비교적 오랫동안 발전해 온 항성 진화 이론에 따르면 우주에서 제일 오래된 별들의 나이가 150억 년 이상 되는 것처럼 보였다. 이것은 우주의 '나이 패러독스age paradox'라고 불리기도 했다. 하지만 암흑 에너지의 존재가 새로이 밝혀진 후 우주의 우주론적 나이는 대략 137억 년으로 추정되고 있다. 또한 별들의 나이도 최근에는 개량된 항성 진화 이론에 따라 대략 120억 년 정도로 추정되고 있다. 더 이상 우주의 나이와 별들의 나이가 상충하지 않는다.

인류 역사상 처음으로 다양한 연구를 통해 얻은 우주에 대한 정보가 하나의 큰 그림으로 모이고 있다. 이러한 우주론적 이해를 '조화 모형concordance model'이라고 부르기도 한다. 태초부터 인류가 궁금해하던 우주의 기원과 운명을 우리가 드디어 알게 된 것일까? 최소한 빅뱅 우주론 패러다임 안에서는 납득할 만한 해답을 얻은 것으로 보인다. 그럼 이렇게 얻어진 우주론적인 이해가 실제로 우리가 볼 수 있는 우주의 모습과 어떻게 관계되는 것일까? 우리가 우주 팽창에 관한 그럴싸한 이론을 가지고 있다 한들 그것이 우리가 실제로 보고 느끼는 우주의 천체들을 설명할 수 없다면 그 이론이 가치 있는 것일까?

놀라지 마라. 이렇게 공상 과학 소설처럼 보이는 우주론의 그림이 지금 우리가 보는 하늘의 별, 은하, 그리고 은하단까지 모두 시원하게 설명해 준다. 이제 완전히 새로운 여행을 떠나자. 은하로의 여행을!

● 캘리포니아 주립 대학교 샌타크루즈 캠퍼스

캘리포니아 북부 아름다운 바닷가 마을 샌타크루즈에 위치한 이 대학교University of California, Santa Cruz, UCSC의 대표 상징은 노란색 바나나민달팽이이다. 처음 그 이야기를 들었을 때는 재미있어서 한참을 웃었다. 하지만 이곳을 방문해 교수진을 만나 보고는 더 이상 웃을 수 없었다.

찬 암흑 물질cold dark matter 연구의 시조 조지 블루멘털George Blumenthal과 조엘 프리맥Joel Primack, 은하 연구의 대가 샌드라 페이버Sandra Faber, 항성 핵융합 이론의 스탠퍼드 우슬리Stanford Woosley, 떠오르는 우주론의 혜성 피에로 마다우Piero Madau 등 우주론 전문가와 은하 형성 이론 전문가가 한자리에 모인 곳이었다. 대형 망원경 설계의 지존 제리 넬슨Jerry Nelson도 빼놓을 수 없다.

나는 UCSC를 강연 요청을 받고 처음 방문했다. 그런데 시작이 순탄치 않았다. 캘리포니아 남부 패서디나에서 다섯 시간 넘게 운전해 올라가느라 한참 애먹었는데, 샌타크루즈에 도착하니 이미 어두웠다. 고속 도로에서 마을로 나가는 길을 겨우 찾아서 급하게 나갔는데, 하필 그 한적한 길에서 내 뒤를 멀찍이서 경찰차가 따라왔다. 고속 도로에서 우왕좌왕하는 모습이 이상해 보였는지 내 차를 세웠다. 하지만 이상한 점을 발견하지 못하자, 급차선 변경이라며 교통 법규 위반 범칙금을 물렸다. 스스로를 한심해하며 마음이 상했다. 하지만 불행은 거기까지. 바로 다음날 깨끗이 풀렸다. UCSC 청중의 반응이 대단했기 때문이다. 강연의 도입 부분이 전혀 필요 없을 정도로 청중의 기본 실력이 대단했고, 하나를 말하면 둘을 이해하는 준비된 그룹이었다. 한 시간 동안의 강연이 순식간에 흘러갔다. 강연을 하며 희열을 느낀 매우 드문 경우였다.

끝나고 세미나실을 나서는데, 한 신사가 내게 다가와 "이번 학기 세미나 중 당신의 강연은 5시그마 밖의 훌륭한 것이었소. 재미있었소." 하는 것이 아닌가. 통계학에서 5시그마 밖이라 하면 최상위 0.0001퍼센트 안에 들었다는 말이다. "감사합니다. 그런데 누구신지……?"라고 물었다. "참, 내 이름은 조지요. 조지 블루멘털." 깜짝 놀랐다. 찬 암흑 물질 이론의 대가 블루멘털이라니! 물론 박사 학위를 받은 지 3년밖에 안 된 애송이를 격려하기 위한 친절한 배려였겠지만, 그 칭찬 한마디에 전날 받은 교통 법규 위반 딱지를 완전히 잊게 되었다.

이곳에서 가장 인상 깊었던 일은 은하 연구의 지존 샌드라 페이버를 만난 것이다. 세미나가 끝난 후 연사를 위한 저녁 식사에 샌드라 페이버가 참석해 자리를 빛내 주었던 것이다. 중국 음식점에서 식사를 하는데, 페이버 교수는 내 옆에 바짝

붙어 앉아서 두 시간 동안 잡담 한 번 없이 질문을 했다. 내 인생에서 이렇게 재미있었던 두 시간은 별로 없었을 정도로 극적인 질문과 대답이 오갔다. "자, 석영, 내가 켁 10미터 망원경의 사용 시간으로 하루를 준다면 당신의 이론을 검증하기 위해 어떤 관측을 하고 싶소? 지금까지의 관측의 문제점이 뭐라고 생각하오? 나선 은하는 왜 블랙홀이 작다고 생각하오? 블랙홀이 별들과 상관있다고 생각하오? 블랙홀이 별의 생성을 방해하는 효과가 크오, 아니면 돕는 효과가 크오?" 빗발치는 질문과 대답이 마치 라마교 승려들이 빠른 문답을 하며 대답이 늦어질 때마다 나무 막대기로 머리를 때리는 상황을 연상하게 만들었다.

샌드라 페이버의 제자였고 지금은 나의 친한 동료가 된 스콧 트래거Scott Trager에게 이 이야기를 한 적이 있는데, 내가 정말 재미있었다고 하니, 스콧 트래거가 나보고 정신 이상이라고 놀려 댔다. 반박하지는 않았다. 하하.

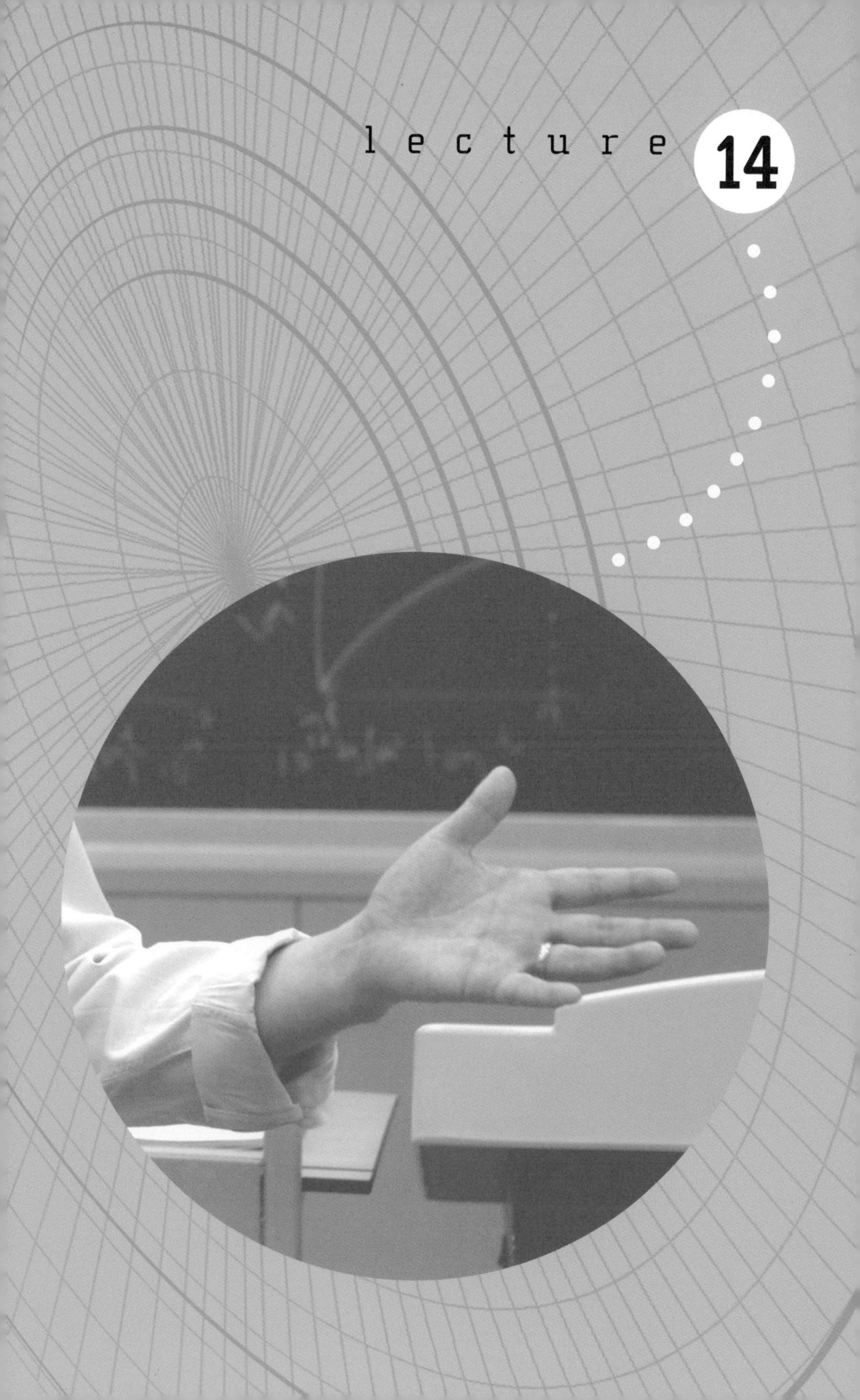
lecture
14

암흑 물질은 은하의 요람

우주의 나이 10^{-32}초 급팽창 멈춤. 우주의 나이 1초 양성자-중성자 간의 평형 깨짐. 우주의 나이 38만 년 우주 배경 복사 시작. 암흑 물질과 암흑 에너지의 존재. 도대체 이러한 공상 과학 소설 같은 이야기가 우리에게 어떤 의미가 있을까? 의미가 있다. 그것도 매우 큰 의미. 바로 우주 배경 복사가 오늘날의 우주의 씨앗이 되고, 암흑 물질 없이는 은하가 존재할 수 없기 때문이다. 이제부터 지구 생명의 요람이 된 은하가 만들어진 이야기를 시작해 보자.

우주의 나이 38만 년에 우주가 최후의 산란이라는 큰 격변을 겪었다고 4강에서 이야기했다. 그때 우주의 온도는 약 3,000도였고 우주의 크기는 지금의 1,000분의 1 정도였다. 최후의 산란 이전에는 우주가 작고, 밀도와 온도가 높아서 광자들과 물질 입자들 간의 산란이 매우 잦았다. 이로 인해 광자도 물질 입자도 자유롭게 움직일 수 없었다.

나는 이 시기의 우주가 '호박죽' 같은 상황이었다고 자주 묘사한다.

물론 최후의 산란 이전에도 바리온들은 서로 중력적으로 모여들고자 하는 경향이 강했다. 그때까지 만들어진 대표적인 바리온인 수소 원자핵과 헬륨 원자핵은 질량을 가진 입자이고, 질량을 가진 모든 입자는 중력적으로 서로 끌어당기기 때문이다. 하지만 바리온이 조금만 모여 있어도, 주위를 지나다니던 고에너지 광자들이 바리온의 모임을 끊임없이 방해했다. 기억하는가? 우주에는 바리온 1개당 광자가 10억 개씩 있다고 했다. 그 많은 광자들이 바리온의 움직임을 방해하고 있는 광경을 상상해 보라. 따라서 최후의 산란 이전에는 바리온 물질의 응집이 거의 일어나지 않았다. 뭐 복잡한 과정은 차치하더라도 대략 설명이 된 것 같다.

그런데 암흑 물질은 바리온 물질과 성질이 조금 다르다. 암흑 물질의 입자는 중력 상호 작용만 할 뿐, 다른 힘은 전혀 느끼지 않는 것 같다. 그렇다면 암흑 물질 입자들은 고에너지 광자들이 아무리 공격한다고 하더라도 광자에는 질량이 없기 때문에 개의치 않고 천천히 모여들어 세력을 확장해 나갈 것이다. 이 특징은 은하와 은하단 등 우리가 실제로 볼 수 있는 우주 구조의 탄생을 이해하고자 할 때 매우 중요하다. 여기서 찬물 한잔 마시고 정신 차린 후에 다시 책을 들자.

만일 우주에 암흑 물질이 없었다면 어떻게 되었을까? 답부터 말하자면 은하도, 별도, 태양도, 지구도, 그리고 인류도 존재할 수 없었을 것이다.

반복해서 말하지만, 4강에서 최후의 산란 이후에 우주 배경 복사는 약 3,000도의 온도에 해당했고, 10만분의 1 정도의 온도 변이를 가지고 있었다고 이야기했다. 10만분의 1 정도의 온도 변이는 동시에 그 정도의 밀도 변이를 의미한다. 이는 매우 작은 밀도 변이이다. 우주의 한 지점에 물질 입자가 10만 개 정도 몰려 있다면 다른 지점에는 9만 9999개, 또 다른 지점에는 10만 1개의 입자가 몰려 있다는 의미이다. 그런데 이러한 차이는 우주가 팽창함에 따라 변화한다. 최후의 산란 이후로 우주는 현재까지 지름이 1,000배 정도의 성장을 했고, 그동안 밀도 차이 또한 1,000배 정도 증가해 이제 밀도 차이는 100분의 1 $\frac{1}{100000}\times1000=\frac{1}{100}$ 이 되었다. 이렇게 우주의 크기에 비례해 밀도 변이 또한 같은 크기로 증가한다는 이론을 '선형 이론linear theory'이라고 부르기도 한다.

우주가 선형 이론의 예측대로 변화해 왔다면, 현재의 우주에는 지역에 따라 오직 100분의 1 정도의 밀도 차이만이 존재할 수 있다. 하지만 지금 우주에서 가장 은하들이 많이 몰려 있는 지역은 그렇지 않은 지역에 비해 200배 정도 더 밀도가 높아 보이므로, 100분의 1의 밀도 차이는 지금 우주에 보이는 엄청난 밀도 차이를 설명하기에는 턱없이 부족하다. 우주론적 이해가 '보이는 우주'와도 연결될 수 있어야 한다는 기대가 무너지는 것이다.

이 문제를 해결해 준 것이 바로 암흑 물질이다. 1970년대에 들어와 루빈의 연구를 새로운 기점으로 암흑 물질의 증거가 여러 연구에서 발견되었다. 그런데 암흑 물질은 광자들과 상호 작용을 하지 않고, 오직 중력으로만 상호 작용한다. 따라서 최후의 산란 이전에 수많은 고에너지 광자들이 바리온 물질의 응집을 방해할 때에도, 암흑 물질은 꾸준히 응집해 세력을 키워 나갈 수 있었다.

우주 나이 38만 년에 최후의 산란이 일어나 광자들과 바리온들이 자유롭게 운동하게 된 순간, 바리온들은 어디에 모여 살지가 이미 결정되어 있었다. 그동안 암흑 물질들이 응집해 만들어 놓은 암흑 웅덩이dark halo가 바로 그곳이다. 암흑 물질들이 이미 많이 모여서 중력장을 형성하고 시공을 휘어 놓으면, 바리온들대부분이 수소와 헬륨이다.은 그 암흑 웅덩이 속으로 중력에 끌려 빨려 들어가게 되는 것이다. 시간이 지날수록 암흑 웅덩이는 더욱 많은 바리온을 삼키고, 따라서 커져 가게 된다. 암흑 물질이 미리 웅덩이를 만들어 놓지 않았다면 이렇게 빠른 속도로 바리온이 모일 수 없었을 것이다.

암흑 물질이 미리 파놓은 중력 웅덩이들 때문에 바리온의 밀도 변이는 시간이 갈수록 심화되었다. WMAP과 플랑크가 구축한 우주 배경 복사 천도에 드러난 것처럼 최후의 산란 시기에 10만분의 1 정도이던 밀도 변이가 우주가 커짐에 따라서 커져 가게 되고 어떤 지역에서는 밀도가 주변 지역에 비해 많이 커지게 되었다. 이런 지역에서는 최초의 천체들이 태어났다.

제일 먼저 우주에 탄생한 천체는 아마도 태양 질량의 100배 이상이 되는 '최초의 별first star'이라고 불리는 별들이었을 것이다. 최초의 별들이 이렇게 질량이 큰 이유는 당시 우주에는 오로지 수소와 헬륨밖에 없었기 때문이다. 수소, 헬륨보다 무거운 원소산소, 마그네슘, 철 등는 기체가 냉각되고 응집되는 것을 돕는다. 무거운 원소가 없는 기체는 온도가 잘 내려가지 않는다. 따라서 우주 초기에는 기체가 매우 많이 모였을 때만 별이 탄생할 수 있었다. 따라서 최초의 별들은 오늘날 태어나는 별들보다 훨씬 더 무거워서, 태양 질량의 수백 배에 이르렀을 것이라고 추정된다.

최초의 별들은 우주 전역에 걸쳐 생성되었는데, 몸집이 매우 커서 100만 년 정도의 극히 짧은 삶을 살다가 초신성 폭발과 비슷한 격렬한 최후를 맞이하며 죽어 갔다. 이때의 폭발을 통해, 최초의 별들이 그때까지 핵융합을 통해 만든 무거운 원소들을 주변 우주에 흩뿌렸다. 이것이 우주에 최초로 무거운 원소가 생긴 과정이다. 한번 이렇게 무거운 원소가 뿌려지면 그 후에 탄생하는 별들의 평균 질량이 오늘날과 비슷하게 된다. 지금은 사라지고 없는 최초의 별들이 오늘날 우주의 모습을 만드는 데 필수적인 역할을 한 것이다.

은하는 바리온이 모인 암흑 물질 웅덩이에서 탄생했다. 따라서 오늘날 우리가 하늘에서 관찰할 수 있는 은하의 분포는 암흑 물질 웅덩이의 분포이기도 하다.

이 모든 과정을 현대 천문학은 컴퓨터 모의 실험으로 재현할 수 있다. 그 대표적인 실험을 독일 막스 플랑크 연구소 폴커 슈프링겔Volker Springel 박사가 이끄는 밀레니엄 컨소시엄과 시카고 대학교의 안드레이 크라프초프Andrey Kravtsov와 아나톨리 클리핀Anatoly Klypin이 수행했다.

이 실험은 수억 개의 암흑 물질 입자를 우주 배경 복사와 암흑 물질 웅덩이 발달 이론에 따라 매우 작은 밀도 변이를 주어 공간에 뿌린 후,

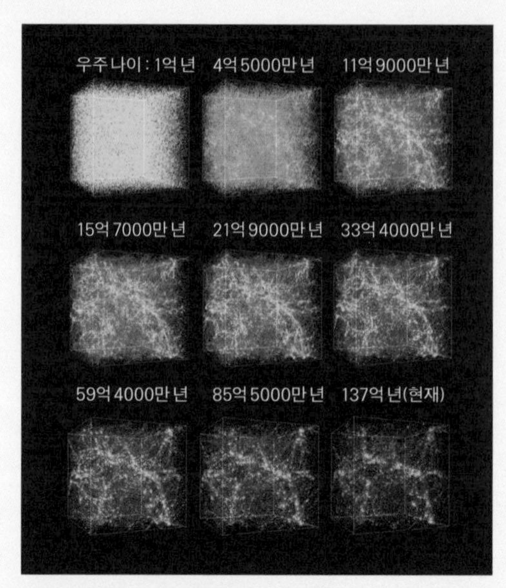

우주 거대 구조의 생성(컴퓨터 모의 실험)

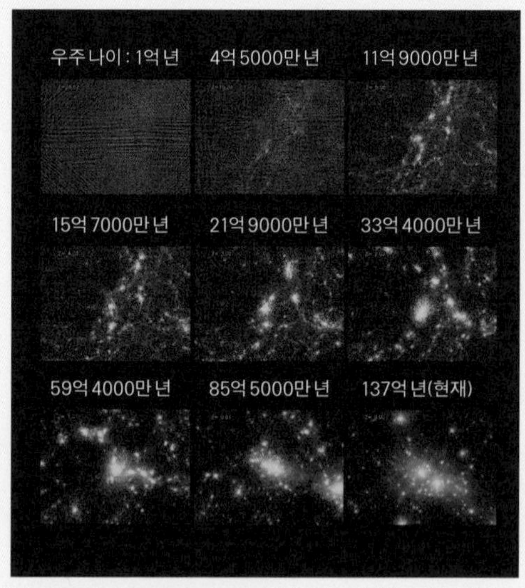

은하단의 형성(컴퓨터 모의 실험)

그 역학적 진화를 지켜보는 것이다. 이때 공간의 한 변의 크기는 약 1억 광년이다. 암흑 물질은 중력 상호 작용만 하므로 이 컴퓨터 모의 실험 내에서 작용하는 힘은 오로지 중력뿐이다. 모의 실험에 바리온을 포함하지 않는 것은 첫째, 암흑 물질이 워낙 압도적이어서 암흑 물질로만 실험을 해도 우주의 질량 분포가 대략적으로 만들어지기 때문이고, 둘째, 바리온은 중력 외에도 다른 물리 현상을 고려해야 하므로 실험이 훨씬 복잡해지기 때문이다.

시간이 흐를수록 처음에는 볼 수 없었던 구조가 드러나기 시작한다.242쪽 그림 참조 언뜻 보기에는 3차원 그물망 같기도 한 이것을 가리켜 '우주 거대 구조large scale structure'라고 한다. 이 실험에서 나타난그물의 실과 비슷한 밝은 지역은 암흑 물질이 많이 모여 큰 웅덩이를 만든 곳이고, 어두운 부분은 밀도가 낮은 지역이다. 밀도가 높은 지역, 즉 큰 웅덩이에서는 수천 개의 은하들이 탄생하고 은하단을 이루게 된다. 밀도가 낮은 뻥 뚫린 지역은 아무것도 없다는 뜻에서 '보이드void'라고 부르는데, 그 지름이 1000만 광년 정도 된다.

자, 그러면 이렇게 컴퓨터로 구축된 모의 우주가 실제 우주와 얼마나 닮았을까? 놀라지 마시라. 그 모습이 매우 흡사하다. 우리 연구 그룹Galaxy Evolution Meeting, GEM은 슬론 디지털 우주 탐사Sloan Digital Sky Survey, SDSS 연구단이 구축한 은하 관측 자료를 사용해 세계 최초로 우주의 3차원 동영상 지도를 만들었다.244쪽 위 그림 참조 막스 플랑크 연구소와 시카고 대학교 연구팀이 수행한 모의 실험이 암흑 물질의 분포를 보여 준다면, 우리가 만든 지도는 은하의 분포, 즉 바리온 분포를 보여

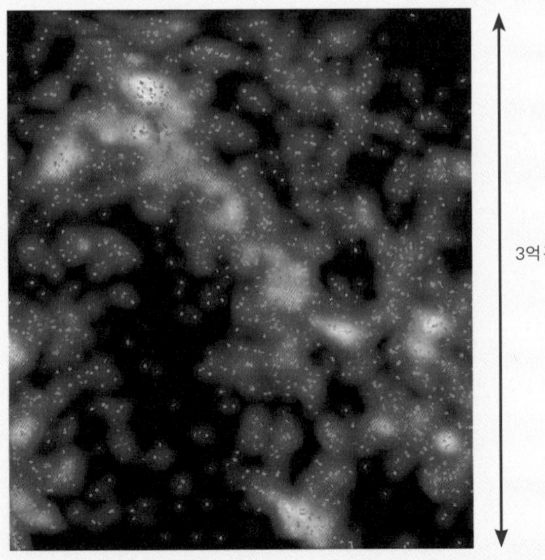

우리 연구 그룹(GEM)이 슬론 관측 자료로부터 재구성한 최초의 3차원 우주 거대 구조 지도

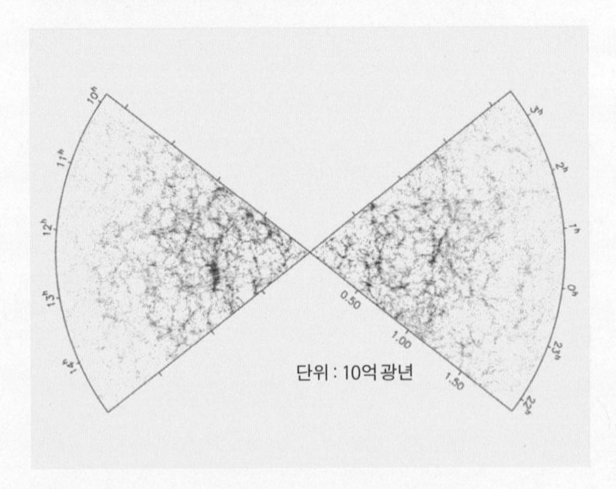

2dF 은하 탐사 관측 자료로 만든 우주 거대 구조 지도

준다.

호주와 영국 학자들이 주도한 2dF 은하 탐사2 Degree Field Galaxy Survey 연구진도 비슷한 연구를 시도했다. 우리 은하의 별들이 많이 보이는 은하 평면을 피해 수직 방향으로 얇은 부채꼴 모양의 우주를 관측한 이 프로젝트는, 우리 연구 그룹이 슬론의 자료를 통해 발견한 바와 같이 은하들의 공간 분포가 작은 규모에서는 불균일하다는 것을 밝혔다.244쪽 아래 그림 참조 이 부채꼴의 끝부분은 지구로부터 약 20억 광년 떨어진 지점이다.

놀랍도록 비슷한 결론을 보여 주는 관측 결과와 컴퓨터 모의 실험으로 만들어 낸 이론적인 모형은 우리가 우주의 진화를 비교적 정확하게 이해하는 길에 올바르게 발을 들여놓았다는 확신을 주기에 충분하다. 우리는 보이지 않는 것에서 보이는 것의 비밀을 찾아 가고 있는 것이다.

깊은 암흑 물질 웅덩이에 자리 잡은 은하단의 모습은 웅장하기가 그지없다. 적게는 수십 개, 많게는 수천 개의 은하가 모여 있는 은하단은 그 질량이 태양의 1000조 배에 이르기도 한다. "도대체 1000조가 얼마나 큰 수예요?" 하고 묻는 독자가 있다면, "그런 것을 천문학적 숫자라고 하는 것입니다." 하고 대답하겠다.

그런데 여기에 짚고 넘어가야 할 게 하나 있다. 컴퓨터 모의 실험을 그냥 아무렇게나 한다고 해서 관측되는 우주의 모습을 재현할 수는 없다. 예를 들어 우주 배경 복사의 온도 변이가 우주 배경 복사에 나타난 대로 10만분의 1이 아니라 100만분의 1이었다면, 200억 년이 지나도 오늘날과 같은 거대 구조가 우주에 만들어지지 않는다. 마찬가지로 암흑 물질이 우주 밀도의 24퍼센트가 아니고 10퍼센트라면 우주 거대 구조가 지금 알고 있는 우주의 나이인 137억 년 동안에 만들어지지 않는다. 이것은 보이지 않는 암흑 물질에 대한 또 다른 간접 증거가 될 수 있다. 9강에서 암흑 물질의 존재에 대한 여러 가지 증거를 소개했는데, 우리가 이론적으로 예측된 암흑 물질의 존재와 그 양을 이용해 컴퓨터 모의 실험을 했더니 관측 결과와 일치하는 우주 모형이 나왔다는 것은 암흑 물질에 대한 우리의 이론이 틀리지 않았음을 암시하기 때문이다.

그렇다. 우리가 지금까지 이야기해 온 빅뱅 우주론은 더 이상 전문가들의 지적 유희나 공상적 개념의 집합이 아니다. 관측되는 우주의 거대 구조를 놀라울 정도로 근사하게 재현하는 막강한 이론이요, 지적 틀인 것이다. 우리는 드디어 막연하게 이해되던 우주의 기원과 진화를 구체적으로, 실제적으로 이해할 수 있는 도구를 손에 넣은 것이다.

● 막스 플랑크 연구소

양자 역학의 시조 막스 플랑크의 이름을 딴 독일의 연구 기관으로 인문 사회 과학에서 자연 과학과 공학까지 학문의 전 분야를 아우르며 세계 최대의 규모를 자랑한다. 뮌헨 근처 가르킹에 있는 천체 물리학 연구소와 하이델베르크의 천문학 연구소 등 다양한 천문 연구 기관을 포함하기도 한다.

사이먼 화이트Simon White, 라인하르트 겐젤Reinhard Genzel, 폴커 슈프링겔 등 유명한 천문학자들이 모여 있는 가르킹의 연구소는 유럽 천문학의 요람이다. 이웃하고 있는 남유럽 천문대가 관측 연구에 초점을 두고 있다면 막스 플랑크 연구소는 아무래도 이론 연구에 전념하는 편이다. 특히 밀레니엄 우주 모의 실험은 세계적으로 각광을 받는 연구 활동이다.

사덱 코크파Sadegh Khochfar 박사, 팀 드 제우Tim de Zeeuw 교수 등과 공동 연구를 하기 위해 2009년 1월에도 이 연구소에 다녀왔다. 각국에서 약 20명의 학자가 참여하는 사우론 그룹 회의에 초청을 받아 참여했는데, 그 분위기가 매우 인상적이었다. 우리나라의 연구 그룹 회의는 주로 매우 신사적인 반면, 이곳의 회의는 가히 설전에 가까웠다. 같은 연구 그룹의 회의인데도 동의하지 않는 사안이 나오면 진지하고도 단호하게 자기 의사를 표명하는 모습에서 유럽 연구자들의 연구 자세를 배울 수 있었다. 저녁에는 거하게 식사를 같이 했는데, 그룹 회의 때 얼굴을 붉힌 일은 다 뒤로하고 와인과 음식을 마음껏 즐기는 모습 또한 배울 점이라고 생각했다.

나는 막스 플랑크 연구소를 거의 매년 방문하는 편인데, 갈 때마다 작은 감동을 받는다. 연구소의 각 층마다 있는 토론장, 최고의 에스프레소를 24시간 무료로 제공하는 라운지 등에서 연구자들의 연구 성과를 극대화하기 위해 노력하는 막스 플랑크 연구소의 배려를 쉽게 읽을 수 있었다. 내가 속한 연세 대학교 연구단은 비교적 환경이 좋아서 방문하는 분들에게 부러움의 대상이 되고는 한다. 하지만 여전히 초저녁이 되면 냉난방이 끊기는 것은 참기 힘들다. 연구원들에게는 주로 저녁부터 자정까지가 연구의 절정에 달하는 시간이기 때문이다. 이 글을 쓰고 있는 지금 이 순간도, 30분 전에 끊긴 난방 탓에 몸을 움츠리고 있다. 여느 때와 같이 자정을 훌쩍 넘길 연구원들의 건강이 걱정된다.

lecture
15

별보다 은하

'은하'는 한때 매우 각광을 받던 이름이다. 이 이름을 가진 사람들 중 유명한 가수도 있었다. 서양에서는 찬란하다는 표현을 할 때 '별처럼stellar'이라는 단어를 쓰고, 그보다 더 웅장하고 광대하고 멋진 것을 표현할 때 '은하 같은galactic'이라는 단어를 쓴다. 그 위용도 대단한 은하로의 여행을 떠나 보자.

우주 배경 복사 전부터 응집해 중력장을 만들어 놓은 암흑 물질의 웅덩이를 따라서 바리온이 살림을 차렸다. 이렇게 많은 바리온이 모인 곳에서 최초의 별이 탄생했다. 최초의 별은 여러 가지 흥미로운 현상을 일으켰는데 그중에서도 우주에 무거운 원소들을 최초로 내보냈다는 것이 특징적이다. 그 전의 우주에는 수소와 헬륨뿐이었다. 무거운 원소의 존재는 별 탄생을 매우 쉽게 만들어 은하와 별의 진화에 엄청난 영향을 미쳤다.

또 다른 재미난 현상은 최초의 별이 거의 모두 초신성과 같은 엄청난 폭발을 통해 생을 마감했으므로 매우 큰 에너지를 우주에 동시다발적으로 방출했다는 것이다. 이렇게 방출된 에너지는 태초 이래로 식어 가고 있던 우주 전체를 잠시 달구었다. 이로 인해 재결합 이후 전자와 잘 결합해서 중성 수소의 원자핵으로 살고 있던 양성자가 다시금 전자를 잃고 외톨이가 되었다. 이렇게 우주가 다시 뜨거워지는 현상을 '재이온화reionisation'라고 부른다. 뜨거운 기체에서는 별과 은하가 탄생할 수 없다. 따라서 재이온화된 우주에서는 별이 만들어지지 않는다.

한참 별과 은하를 만들 생각에 흥분해 있던 우주의 입장에서 보면 기가 막힐 노릇이었을 것이다. 최초의 별을 겨우 여기저기서 만들었다고 신바람 나 했는데, 그 결과로 생긴 에너지로 인해 우주가 다시 생명력을 잃게 된 것이다. 이로 인해 우주는 수억 년간 별과 은하를 만들지 못하는 '암흑의 시대dark age'에 돌입하게 되었다. 참고로 암흑의 시대는 암흑 물질이나 암흑 에너지와는 아무 상관이 없다. 그냥 별과 은하를 만들 수 없게 되었다는 의미에서 그렇게 이름 지은 것이다.

최초의 별이 태어나고, 죽고, 또 암흑의 시대가 지나는 데 수억 년이 걸린 것으로 생각된다. 재이온화로 인해 잠시 데워졌던 우주는 우주 팽창 때문에 다시 꾸준히 냉각되었다. 이 와중에도 암흑 웅덩이는 계속 깊어지고 커져 갔으며 바리온들은 속속 암흑 웅덩이 속으로 빨려 들어갔다.

암흑 웅덩이 속으로 바리온이 모일 때, 암흑 물질 대 바리온의 질량

비는 우주 전체와 비슷하게 6 대 1 정도였다. 즉 암흑 물질이 압도적으로 우세했다. 하지만 이 상황이 어디서나 그런 것은 아니다. 암흑 물질은 중력 상호 작용만 하므로 그 질량 분포가 비교적 완만하고 시간이 흘러도 큰 변화가 없는 데 반해, 바리온은 온갖 힘을 다 겪으므로 서로 부딪힐 때 모습도 바뀌고 성질도 바뀌면서 급격하게 변하는 질량 분포를 갖게 되는 것이다. 따라서 은하단 전체에서는 암흑 물질이 우세하더라도, 실제로 은하가 형성되는 지역에서는 바리온 물질 밀도가 암흑 물질 밀도보다 수백만 배 더 높다. 이렇게 바리온 기체가 많이 몰려든 지역에서 수많은 별이 탄생하고 따라서 은하가 탄생한다.

그런데 여기까지는 이론적인 설명이다. 그렇다면 정말로 별과 은하는 이런 과정을 통해 생성되었을까? 그것을 증명한 관측 실험이 있다. 바로 허블 딥 필드 프로젝트Hubble Deep Field project가 그것이다. 우리는 이 계획을 통해 은하의 탄생을 목격했다!

미국 항공 우주국이 1995년에 수행한 허블 딥 필드 프로젝트는 우주의 나이가 30억~40억 년일 때를 관찰하는 연구 계획이었다. 이 시기는 바로 많은 은하가 태어나기 시작한 때였다. 이 연구 계획은 북두칠성 근처에 위치한 하늘의 작은 영역을 허블 우주 망원경을 이용해 관측하고자 하는 것이었다. 그 관측되는 하늘의 크기가 100미터 거리에 있는 테니스공 정도로 작다. 이 영역은 이전의 관측에서는 그 어떤 천체의 존재도 보고된 적이 없는 텅 빈 하늘이었다. 허블 딥 필드 프로젝트는 어찌 보면 아무것도 없는 하늘을 무작정 바라보자는 무모한 계획이었다.

천문학자들만 알고 있는 이 연구에 얽힌 전설이 있다. 아무것도 없어 보이는 깜깜한 하늘에다가 10일 이상 허블 우주 망원경 카메라에 고정해 놓고 관측하자는 무모한 제안을 평가 위원회에 올린 것은 원래 서로 아무런 상관도 없던 두 연구팀이었다. 우연히도 함께 올라간 두 연구 계획서를 평가하던 평가 위원회의 대부분의 천문학자들은 이 두 계획이 귀한 관측 시간을 허비하는 한심한 것이라고 무시했다. 그런데 당시 허블 우주 망원경 연구소의 소장이던 밥 윌리엄스와 일부 학자들은 매우 큰 호기심을 나타냈다. 윌리엄스는 전격적으로 이 두 연구 계획서를 작성한 연구팀의 리더들에게 두 팀이 아닌 한 팀을 구성하라고 제안했다. 결국 이 두 팀은 한 팀으로 합쳐지고, 합쳐진 팀의 새 리더는 윌리엄스가 맡게 되었다. 그리고 이 연구팀이 10일이 넘는 귀하디 귀한 허블 관측 시간을 허공에 사용한 결과, 누구도 꿈꾸지 못한 위업을 이루어 냈다. 그때 그 연구원들은 아메리카 대륙을 발견한 콜럼버스의 마음이 아니었을까! 그들은 아무것도 없는 것처럼 보였던 허공 속에서 100억 년 전 우주의 모습을 엿보았다. 놀랍게도 그때 벌써 우주는 수많은 은하들로 가득 차 있었다.

우리 인류가 제일 먼저 발견한 은하는 물론 우리 은하이다. 우리가 보통 은하수라고 부르는 것이 우리 은하인데, 안타깝게도 오늘날 광공해光公害에 오염된 도시의 하늘에서는 찾을 수 없다. 그럼 은하수의 정체는 무엇일까? 밤하늘을 가로지르는 은색 강처럼 보여 우리가 보통 은하수라고 부르는 것은 우리 은하의 중심부를 태양의 위치에서 본 모습이다. 우리 은하는 공 모양의 암흑 웅덩이 안에 자리 잡은 얇은

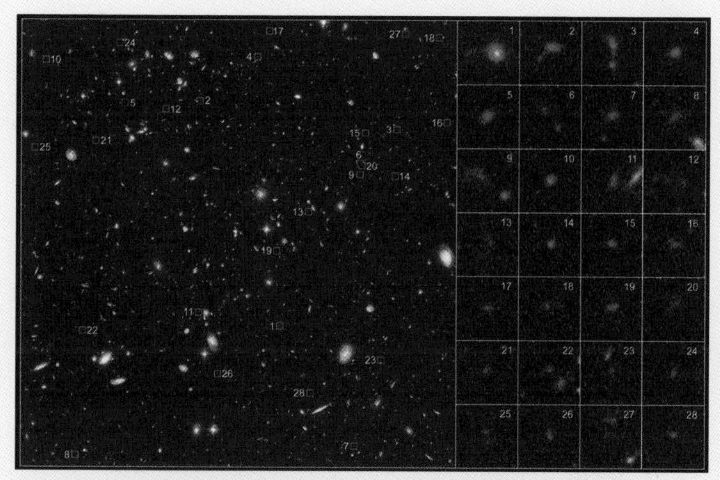

허블 딥 필드 프로젝트를 통해 우리는 100억 년 전 우주의 모습을 볼 수 있게 되었다.

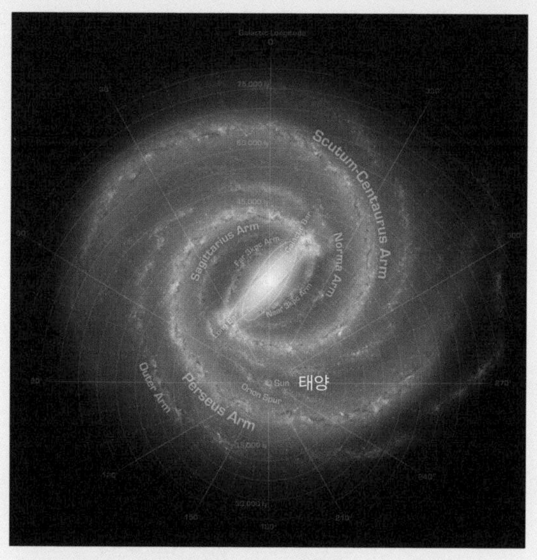

우리 은하를 원반의 위에서 본 모습(상상도)

원반의 모습을 하고 있다.255쪽 아래 그림 참조 원반은 주로 기체와 별들로 이루어져 있는데, 여러 개의 나선팔도 있는 것으로 보인다. 원반의 중심부에는 거대한 구형 별무리가 있는데 이를 '팽대부bulge'라고 부른다. 이곳에는 주로 나이가 많은 별들이 자리 잡고 있다. 태양은 우리 은하의 원반부에 존재하는데, 우리 은하 중심에서 약 2만 6000광년 떨어져 있다. 이 원반이 회전함에 따라, 태양도 약 2억 년에 한 번 은하 중심을 공전한다. 우리가 바라보는 은하수는 별들이 많이 모여 있는 팽대부와 원반의 별들을 옆에서 본 모습인 셈이다.

비교적 큰 은하들 중, 우리 은하에서 제일 가까운 것은 소마젤란 은하, 대마젤란 은하, 안드로메다 은하이다. 이 은하들은 모두 한때 은하가 아닌 성운으로 불렸다. 지금도 마젤란 은하들의 경우 영어 표기가 은하galaxy가 아닌 성운cloud이다. 왜냐하면 지금으로부터 80년 전만 해도 우리 은하 밖에 다른 은하가 존재한다는 사실을 알지 못했기 때문이다. 이미 1755년에 이마누엘 칸트Immanuel Kant가 하늘 곳곳에 있는 나선 모양 성운도 섬 우주island universe, 즉 외부 은하일지도 모른다고 주장하기는 했지만, 과학계에서는 받아들이지 않았다.

1920년, 히버 커티스Heber Curtis와 할로 섀플리Harlow Shapley가 우주의 크기에 대한 역사적인 토론을 펼쳤다. 당대 최고의 관측 천문학자 섀플리는 우리 은하 자체가 우주라고 믿었는데, 커티스는 우리 은하는 수많은 은하 중 하나일 뿐이라고 주장했다. 커티스는 하늘에 뿌옇게 보이는 나선팔을 가진 성운들이 우리 은하 안에 있는 기체 구름이 아닌 외부 은하라고 주장했다. 모든 천문학자가 반으로 나뉘어 몇 년

안드로메다 은하를 가시광선으로 본 모습

에 걸쳐 설전을 하는 것을 보다 못한 미국의 정부 기관인 국립 연구 위원회가 대논쟁Great Debate을 열었다. 그 토론장에서는 주먹만 오고 가지 않았을 뿐, 열띤 공방이 벌어졌다. 사실 이 두 사람 간의 설전은 단지 하나의 논제만을 다룬 것이 아니고 스무 가지가 넘는 다양한 사안에 얽힌 것이었다. 이 대논쟁은 그 중요성과 가치에 대한 학술 논문이 따로 있을 만큼 천문학사에서 중요한 사건이었다.

이 논쟁은 결국 1926년에 허블이 마무리했다. 허블이 당시 성운이라고 여겨져 오던 안드로메다 은하에서 세페이드 변광성을 발견한 것이다. 세페이드 변광성은 그 주기와 밝기 사이에 밀접한 관계가 있어서, 밝기 변화 주기만 잘 측정하면 그 별의 고유 밝기절대 밝기를 알 수가 있다. 그리고 고유 밝기와 실제 밝기를 비교해 쉽게 거리를 알 수 있다. 그 결과 안드로메다 성운이 우리 은하 밖에 존재하는 것으로 밝혀졌고, 그 밝기와 거리를 고려할 때 우리 은하와 견줄 만한 또 다른 은하라는 것을 알게 되었다. 실제로 오늘날 안드로메다 은하는 우리 은하보다 질량이 더 큰 은하라고 알려져 있다. 허블은 이 발견을 출발점으로 삼아 은하 연구라는 새로운 분야를 창시했고 드디어 1936년에 천문학 역사상 길이 빛날 명저인 『성운의 세계*The Realm of Nebulae*』를 출판했다.

허블은 이 책에서 은하를 형태에 따라 다양하게 분류한다.260~261쪽 사진 참소 가장 눈에 띄는 은하는 나선팔을 여러 개 가진 '나선 은하'이다. 우리 은하와 안드로메다 은하도 여기에 속한다. 나선 은하는 주로 푸른색을 띠는데 이는 온도가 높은 젊은 별이 많기 때문이다. 나선 은하는 지금도 많은 양의 저온 기체 구름을 가지고 있고 그것을 가지고 수많은 별을 만들고 있다. 나선 은하의 나선팔은 새롭게 탄생하고 있는 별들의 빛을 받아 밝게 드러나는 것이다. 나선 은하는 사실은 빈대떡같이 납작한 원반 모양이다. 이 원반을 위에서 바라보는 경우에만 나선팔이 온전히 보이고, 원반을 옆에서 보는 경우에는 가느다란 막대처럼 보인다.

나선 은하의 원반은 회전한다. 원반의 중심에서 반지름 약 3,000광년까지의 영역에 형성되어 있는 은하 중심부에서는 별들이 중력으로 매우 촘촘하고 긴밀하게 연결되어 있기 때문에 마치 막대가 돌아가는 것처럼 강체 회전을 한다. 하지만 중심부를 벗어나면 별들이 띄엄띄엄 위치하므로 원반이 같은 방향으로 회전하기는 하지만 강체 회전을 하지는 않는다. 그렇지만 케플러 법칙에 따라 외곽으로 갈수록 속도가 느려지지 않고 일정한 속도가 유지된다. 이런 독특한 특성을 가진 나선 은하의 회전 곡선에서 암흑 물질의 존재를 루빈이 밝힌 것은 이미 9강에서 이야기했다. 원반의 회전 속도는 은하의 질량이 클수록 빠르다. 이를 처음 발견한 브렌트 툴리R. Brent Tully와 리처드 피셔J. Richard Fisher의 이름을 따서 툴리-피셔 관계Tully-Fisher relation라고 한다. 더 빨리 회전할수록 원심력이 커지고, 큰 원심력에 대항해 평형을 이루기 위해서는 더 큰 질량이 필요하므로 이 관계는 쉽게 이해할 수 있다. 원심력을 이용해 속도를 얻어야 하는 해머 던지기 경기에서 잘 던지는 선수일수록 몸집이 큰 것과 마찬가지 원리이다.

허블은 나선팔을 가진 은하 중에 일부가 중심부에 막대 모양을 하

나선 은하(M101)

막대 나선 은하(NGC1300)

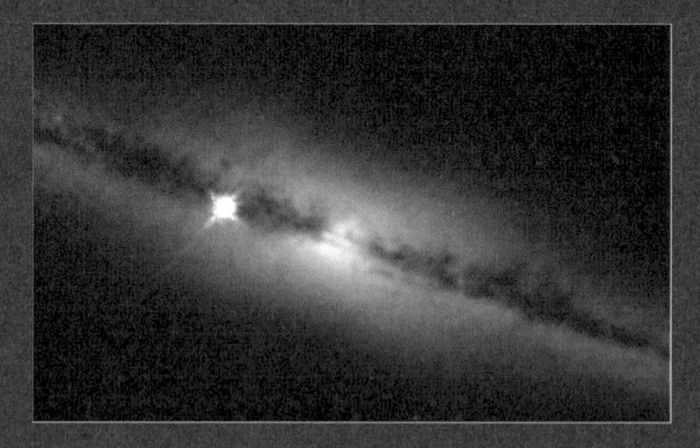

나선 은하(NGC4013)

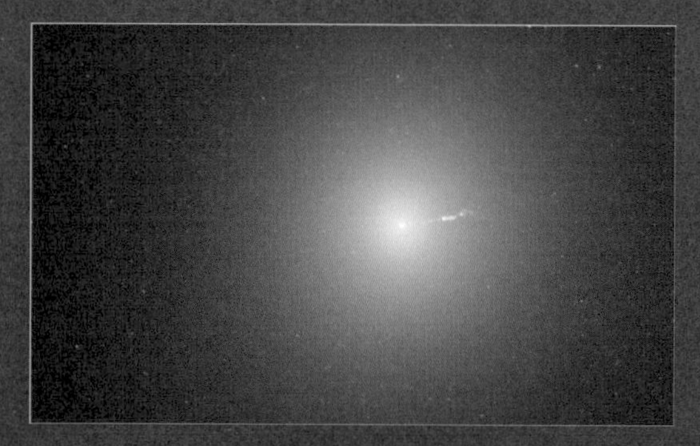

타원 은하(M87)

타원 은하(NGC1132)

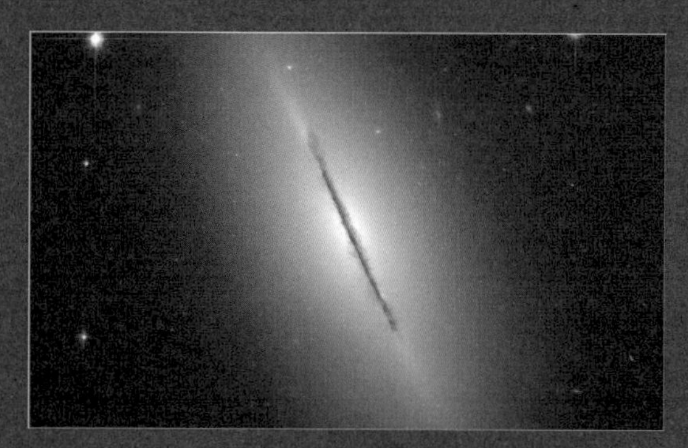

렌즈형 은하(NGC5866)

고 있는 것을 인지하고, 이들을 '막대 나선 은하'라고 이름 붙였다. 매우 흥미로운 이 은하들은 전체 나선 은하의 3분의 1 이상을 차지한다고 알려져 있다. 나선팔 부분이 은하 중심에 대해 회전 운동을 하는데 반해, 막대 부분의 별들은 은하 중심을 향한 수직 운동을 한다고 알려져 있다. 그 이유는 아직도 확실하게 밝혀지지는 않았는데 다른 작은 은하와의 충돌로 인해 기체가 유입된 경우이거나 혹은 원반 자체의 복잡한 역학적 현상 때문이라고 한다.

나선 은하와 쌍벽을 이루면서 우주를 장식하는 은하가 '타원 은하'이다. 나선 은하가 기본적으로 원반 모양이라면, 타원 은하는 3차원 타원체이다. 나선 은하의 별들은 원반을 따라 회전 운동을 하지만 타원 은하의 별들은 모두 서로 다른 방향의 궤도를 그리며 무작위 운동을 한다. 극소수의 타원 은하는 공처럼 완전히 대칭이지만, 몸집이 작은 타원 은하는 주로 단호박 같은 편원형 타원체이거나 럭비공 같은 장구형 타원체이다. 최근 우리 연구 그룹의 연구에 따르면, 대부분의 거대 타원 은하는 세 축의 길이가 모두 다른 3축 타원체이다. 그런데 이렇게 세 축이 모두 다른 타원체는 은하 간의 충돌 후 병합이 있을 때 만들어지는 것으로 알려져 있다. 재미있게도 몸집이 큰 타원 은하일수록 더 공 모양에 가까운 3축 타원체이고, 질량이 작을수록 찌그러진 3축 타원체로 보인다. 또 타원 은하는 신기하게도 거의 대부분 오래된 별들로만 구성되어 있고 저온 기체를 거의 갖지 않는다. 주로 혼자 있기보다는 은하단처럼 다른 은하들이 주위에 많은 복잡한 곳에 있는 것도 특이한 사실이다.

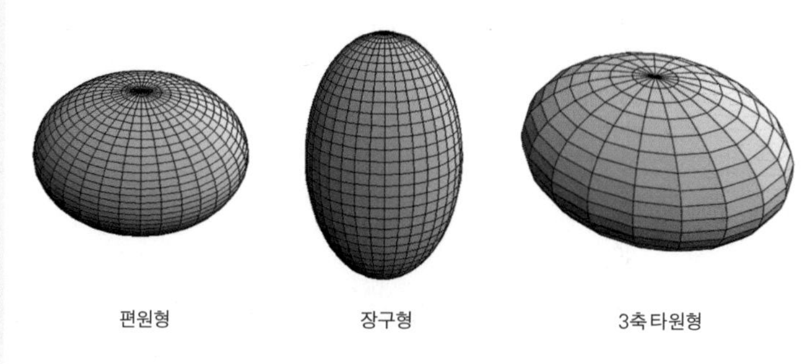

타원 은하의 다양한 3차원 구조

특성	타원 은하	나선 은하
겉모양	간단한 타원형	나선팔을 가짐
구조	편원형, 장구형, 3축 타원형이 존재	종종 막대 형태를 가짐
색	붉은색	푸른색
구성하는 별	대부분 늙은 별로 구성	젊은 별이 계속 생김
기체 함량	기체가 거의 없음	기체를 많이 가짐
위치하는 곳	은하들이 밀집한 지역에 분포	은하들이 드문 지역에 주로 분포
질량	일반적으로 무거움	일반적으로 덜 무거움
블랙홀	무거운 블랙홀을 가짐	덜 무거운 블랙홀을 가짐

타원 은하와 나선 은하의 차이점

그럼 타원 은하는 어떻게 만들어졌을까? 1972년에 매사추세츠 공과 대학의 알라르 툼레와 그의 동생 주리 툼레Jüri Toomre는 질량이 비슷한 나선 은하 두 개가 충돌해서 병합하면 타원 은하와 같은 모양을 갖게 되는 것을 컴퓨터 모의 실험을 통해 알아냈다. 특히 우리 연구 그룹과 공동 연구를 하는 사덱 코크파 박사의 연구에 따르면, 큰 타원 은하끼리의 충돌 병합은 3축 타원체 타원 은하를 만들어 낸다. 실제로 우주에서 충돌하고 있는 은하를 발견하는 것은 그리 어려운 일이 아니다. 멀쩡해 보이는 타원 은하나 나선 은하도 자세히 들여다보면 최근에 은하 간 충돌이 일어났던 흔적이 남아 있기도 하다.265쪽 사진 참조 여러 정보를 고려해 볼 때, 타원 은하는 은하 간 병합으로 만들어진 것 같다. 타원 은하가 은하 간의 충돌이 잦은 은하단 중심부에서 많이 발견되는 것도 이러한 주장과 일치하는 사실이라고 볼 수 있다.

물론 실제 상황은 이보다 훨씬 더 복잡하다. 타원 은하의 형성이라는 주제는 현대 천문학의 최대 과제이다. 매년 수많은 논문이 쏟아져 나오고 있고, 수많은 학회가 열리고 있다. 나도 이 분야에 대한 연구를 하고 있으며, 치열한 경쟁 속에서 논문을 쓰고 있다. 이렇게 타원 은하가 태풍의 눈이 된 이유는 또 있다. 지금까지 관측된 모든 타원 은하는 그 중심부에 초거대 블랙홀을 가지고 있다. 얼마나 크면 '초거대'라고 불릴 수 있을까? 여기서 침 한번 삼키고. 그 블랙홀의 질량이 작게는 태양의 1000만 배에서 크게는 10억 배를 능가한다. 우리 은하와 같은 나선 은하 중심에도 블랙홀이 있기는 하지만 그 크기가 태양 질량의 100만 배 정도로 타원 은하의 블랙홀에 비하면 현저히 작다. 도대

충돌하고 있는 은하(NGC4676)

충돌 직후의 은하(AM0644-741)

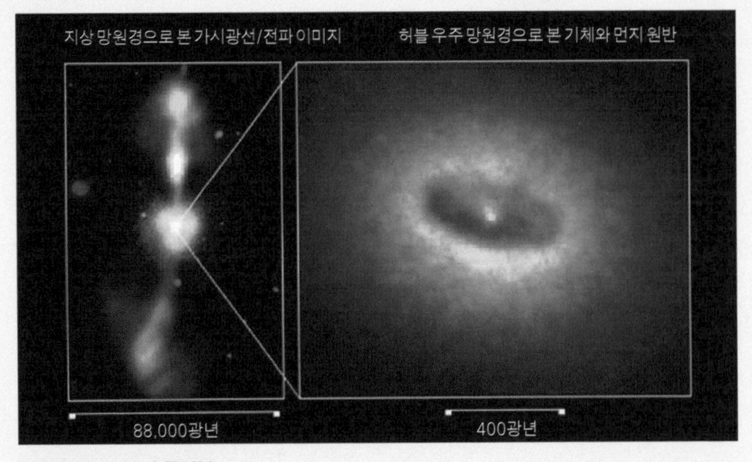

은하 NGC4261의 중심부

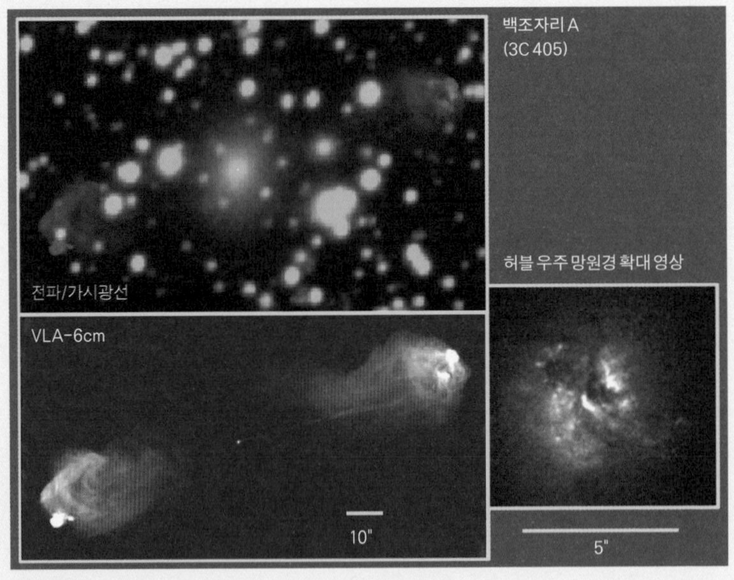

전파 은하(백조자리 A)

체 이렇게 큰 블랙홀이 어떻게 만들어졌으며 은하 중심에서 무슨 일을 하고 있는 것일까?

거대한 타원 은하는 우주가 아직 어릴 때, 작은 은하들 간의 충돌과 병합을 통해 만들어졌을 것으로 추정된다. 그 중심에 있는 블랙홀도 이때 만들어졌을 것이다. 초거대 블랙홀의 최초의 씨앗이 무엇이었는지는 아직 알려져 있지 않지만, 이 초거대 블랙홀이 은하에 미치는 영향은 지대하다. 나는 2006년에 《네이처》에 쓴 논문과 2007년에 《영국 왕립 천문학회지》에 쓴 논문에서, 이 블랙홀의 영향으로 거대 타원 은하에서는 더 이상 별을 형성되지 않는다고 주장했다. 블랙홀은 주변의 모든 물체를 빨아들인다. 그런데 이 과정에서 화산과 같이 종종 폭발적인 행동을 하기도 한다. 때로는 제트를 뿜어내 주변 기체를 날려 보내기도 하고, 때로는 조용히 주변의 기체를 달구어 별 형성을 방해하기도 한다.

허블 우주 망원경으로 관찰한 타원 은하 NGC4261이 좋은 예이다.266쪽 위 사진 참조 이 은하를 보통의 망원경을 이용해 가시광선으로 보면 그냥 평범한 공 모양의 타원 은하이다. 하지만 전파 망원경으로 보면 별들이 내는 빛은 온데간데없고 위아래로 엄청난 크기의 제트를 분사해 내고 있는 모습이 보인다. 이런 상태에서 별이 탄생하기를 바랄 수는 없을 것이다. 제트가 나오는 부분을 허블 우주 망원경으로 자세히 들여다보니 정말 은하의 중심부가 블랙홀과 같이 검고 그 주변은 뜨겁게 달구어진 기체 먼지 구름이 반지와 같은 모습으로 빛나고 있었다. 정말 놀라운 일이다.

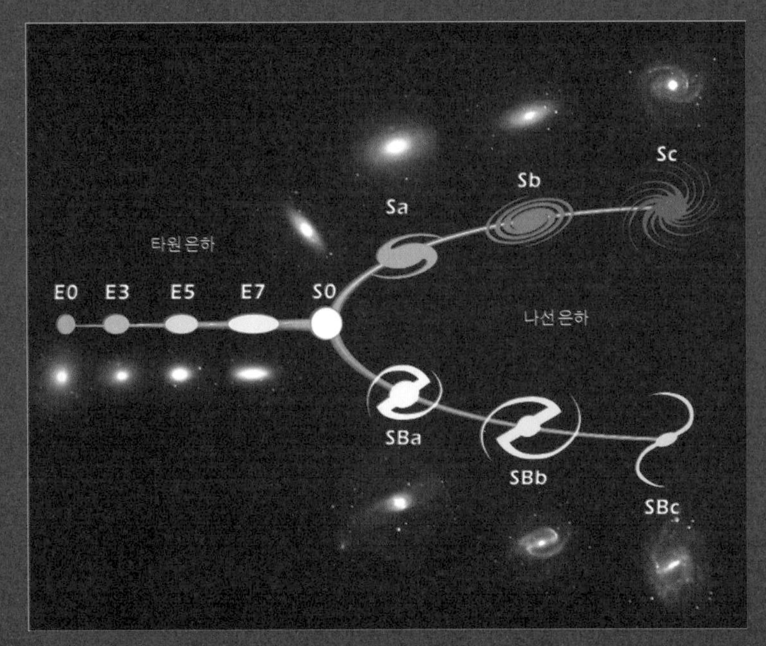

허블의 소리굽쇠도

불규칙 은하(여송연 은하)

「프레데터Predator」라는 미국 영화를 보면 외계인이 지구로 와서 지구인과 싸우는 장면이 있다. 그런데 영화 속에서 외계인은 가시광선이 아니라 적외선으로 보는 것처럼 설정되어 있는데, 추적하던 표적이 잘 보이지 않으면 주파수를 바꾸어 표적을 발견하려고 시도한다. 이처럼 천문학자들도 관측에 사용하는 빛의 주파수, 즉 파장을 바꾸어 가면서 천체를 관측한다. 가시광선으로 안 보이는 사건이, 혹은 웅대한 역사가 다른 파장의 빛으로는 보일지도 모르기 때문이다.

허블은 모든 은하를 하나의 분류표에 포함하고자 했다. 268쪽 위 그림 참조 이 분류도가 피아노를 조율할 때 쓰는 소리굽쇠의 모양과 비슷하기 때문에 '허블의 소리굽쇠도'라고 부르기도 한다. 타원 은하는 이 그림의 왼쪽에 나선 은하는 오른쪽에 위치한다. 타원 은하와 비슷하지만 약간의 기체 원반이 보이는 '렌즈형 은하'가 그 연결 고리 역할을 한다. 내가 속한 연구 그룹의 로고로 사용되는 멕시코모자 은하는 렌즈형 은하에 가깝다.

소속이 없는 사람이 있듯이 은하도 그 모습을 분류하기 힘든 경우가 있다. 마젤란 은하들이 그렇고, 일명 여송연 은하Cigar galaxy라는 별명의 M82가 그렇다. 268쪽 아래 사진 참조 이러한 불분명한 형태를 이루고 있는 원인은 아마도 주변 은하의 영향이 너무 커서 자체 중력으로는 형태를 유지하기 힘들어서이거나, 새로 태어나는 밝은 별들이 너무 많아서 빛이 은하의 원래 모습을 감추기 때문일 것이다. 이러한 불분명한 모습의 은하를 '불규칙 은하'라고 하는데, 일반적으로 몸집이 작고 기체가 많으며 별 생성이 활발하다.

은하의 세계는 실로 아름답고도 놀랍다. 지금 바로 허블 우주 망원경 홈페이지에 들어가서 신비로운 세계를 담은 사진들을 감상하고 그 아름다움에 흠뻑 취해 보자.

● 레이던 대학교와 흐로닝언 대학교

네덜란드는 인구 1600만 명의 작은 나라이지만 이 작은 나라의 천문학 전공 대학 교수는 75명 정도로 우리나라보다 더 많다. 또한 그 연구의 질은 이미 세계 최고이며, 전파 천문학, 은하 천문학 등 여러 분야에서 세계를 선도하고 있다. 그 중심에 레이던 대학교와 흐로닝언 대학교가 있다.

20세기 천문학의 장을 연 우주론가 빌렘 데 지터Willem de Sitter와 HR도로 유명한 에이나르 헤르츠스프룽Ejnar Hertzsprung, 항성 종족 연구의 시조 아드리안 블라우브Adriaan Blaauw, 은하 역학의 원조 얀 오르트Jan Oort 등이 이 두 학교에서 연구했고, 최근 4명의 남유럽 천문대 연구소 소장이 모두 라이덴 대학교의 현직 교수라면 알 만하지 않은가?

네덜란드 천문학 연구의 핵심은 누가 뭐래도 전파 천문학을 이용한 나선 은하 구조 연구이다. 제2차 세계 대전 전후, 전쟁 중 통신용으로 사용되던 전파 안테나를 천문학에 활용해 우리 은하의 모습을 알아낸 곳도, 나선 은하의 회전 속도에서 은하의 회전과 암흑 물질의 존재에 관한 결정적 단서를 발견한 곳도 이 두 대학교이다. 요즘은 옥스퍼드 대학교와 쌍벽을 이루며 타원 은하 역학 구조에 대한 연구의 메카 역할을 하고 있다.

네덜란드 북부 조그만 도시 흐로닝언의 어둡고 학구적인 분위기와, 밝고 정돈된 남부의 레이던의 분위기는 대조된다. 하지만 두 도시 모두 암스테르담처럼 정취 넘치는 물길이 곳곳에 있어서, 작은 배로 그 물길을 따라 다니는 낭만을 즐길 수 있다. 집집마다 다르게 디자인된 건물 정면의 지붕 밑 얼굴 게이블gable은 그 집의 역사와 가치를 보여 준다. 일정한 모양의 비슷하게 생긴 아파트에 사는 우리의 모습과 대조된다.

남유럽 천문대 연구소 소장이기도 했던 팀 드 제우 교수를 그가 레이던 대학교에 재직하던 시절 방문한 적이 있다. 내가 가르치는 학생들의 타원 은하에 대한 최신 연구 결과를 열심히 설명해 주었더니, 깊은 인상을 받은 표정을 지었다. 놀랍게도 다음날 우리에게 자기가 속해 있는 큰 연구 컨소시엄에 외부 연구원으로 참여할 것을 제안했다. 지금은 나의 중요한 공동 연구자이다. 네덜란드가 과거 유럽 상업의 중심지였기 때문일까? 이곳의 연구자들은 학문적으로 공감대만 형성되면 누구와도 쉽게 공동 연구를 한다. 바로 이런 점이 네덜란드가 유럽의 전통 강국들 틈에서 자기 정체성을 유지하면서도 최첨단의 연구를 꾸준히 진행할 수 있게 한 원동력일 것이다.

lecture 16

하나의 별이 탄생해 사라지기까지

아내와 결혼하기 전 어느 날 저녁, 그녀가 서쪽 하늘을 가리키며 "아! 저 별 참 예쁘다."라고 했다. "그래도 당신의 눈빛만은 못한걸!" 하고 답했어야 했는데, 나는 그만 "저건 별이 아니야. 금성이지."라고 말했다. "금성이 별이지 뭐야." 뾰로통 대꾸하는 것도 눈치 채지 못하고, "허허. 금성은 스스로 빛을 내지 못해. 오로지 태양 빛을 반사할 뿐이야. 우리 태양계에서 유일한 별인 태양을 도는 행성일 뿐이지."

나의 낭만적이지 않은 대답에 분위기가 썰렁해졌음은 말할 것도 없다. 그럼 도대체 별은 무엇이고, 어떻게 탄생하는 것일까?

타원 은하는 대부분 100억 년 이상의 오래된 별들로 구성되어 있고, 별 생성에 필수적인 저온 기체를 많이 갖고 있지 않으므로 별 탄생 과정을 연구하기에는 적합하지 않다. 반면에 나선 은하와 불규칙 은하는 지금도 많은 별을 만들고 있다. 나선 은하인 우리 은하의 경우 매년 두세 개의 별을 은하 원반에서 만드는데, 얼핏 들으면 적게 만드는 것 같지만, 하나의 별이 탄생하는 데 필요한 시간이 1억 년 정도임을 감안하면 많은 별을 만들고 있는 것이다.

별은 은하 원반의 기체 구름에서 탄생한다. 하지만 아무리 많은 기체가 있더라도 기체의 온도가 너무 높으면 별 탄생이 불가능하다. 예를 들어 거대 타원 은하에도 100만 도 이상의 고온 기체가 엄청나게 많은데, 이러한 고온 기체는 응집되지 않으므로 별 탄생에 기여하지 않는다. 우주 초기의 고밀도 상황에서도 온도가 높았기에 별이 탄생할 수 없었던 것과 같다.

나선 은하의 경우, 주로 원반 위의 기체가 태양 질량의 100만 배 정도 되는 무리를 이루어 분자 구름을 만드는데 별은 그 분자 구름에서 태어난다. 은하에 있는 기체는 주로 중성의 원자가 모인 것이다. 하지만 점차 많은 기체가 중력의 작용으로 모여들면서 다양한 물리 현상이 일어난다. 우선 원자들이 기체 구름 안으로 들어오는 과정에서 중력적으로 마찰을 겪어 위치 에너지를 잃고 다른 중성 원자들과 만나 분자 구조를 형성한다. 원래 은하 원반에 있던 원자 기체 구름은 점차 분자 구름으로 변해 간다.

나선 은하에 있는 분자 구름은 보통 태양 질량의 수백만 배에 달한다. 이러한 분자 구름의 중심부는 절대 온도 10도약 섭씨 -263도 정도로 극저온의 환경을 가지게 된다. 이렇게 극저온 환경에 도달했을 때, 분자 입자들은 열 에너지로 인한 운동이 줄어들어 점점 서로의 중력만을 세게 느끼게 된다. 자체 중력이 충분히 커진 일부 영역에서 중력 수축이 일어난다. 이때 엄청난 양의 위치 에너지가 열 에너지로 바뀌면서 그 영역의 온도가 급격히 상승한다. 이 온도는 수축하는 영역의 질량에 비례한다.

수축하는 영역의 질량이 태양 질량의 7퍼센트 정도보다 큰 경우, 중력 수축을 통해 얻을 수 있는 열 에너지가 1000만 도 이상의 온도에 달하므로 수소를 태워 헬륨을 만드는 핵융합 반응을 시작할 수 있다. 비로소 별이 탄생하는 것이다. 이보다 작은 질량을 갖는 영역은 중력 수축과정 중에 얻는 열 에너지가 1000만 도 미만이어서 수소 연소도 일어나지 않고 별도 생성되지 않는다. 이 때문에 우리 우주에서 관측되는 모든 별은 태양 질량의 7퍼센트 이상의 질량을 갖는다. 태양 질량의 7퍼센트 정도가 별의 질량으로는 최솟값인 것이다. 물론 중력 수축은 거대한 분자 구름 안 곳곳에서 동시 다발적으로 일어날 수 있다. 큰 분자 구름 경우 분자 구름 하나에서 수만 개의 별이 탄생한다.

이렇게 큰 분자 구름 안에서 한꺼번에 만들어진 별들은 수축되는 기체의 양에 따라 서로 다른 질량을 갖는데, 작게는 태양 질량의 7퍼센트, 크게는 태양 질량의 100배 정도에 달하는 것으로 관측되고 있다. 일반적으로 별의 질량이 클수록 태어나는 개수가 적은데, 천문학자들은 별들이 태어날 때 보이는 질량 분포를 '초기 질량 함수'라고 부른다. 태양과 같은 작은 별이 100개 태어나면 태양보다 10배 큰 별은 서너 개 정도만 태어난다고 생각하면 된다.

내가 박사 학위 과정 연구를 하고 있던 1995년 어느 날, 지도 교수가 새 컴퓨터를 사 주었다. 지금은 화석처럼 인식되는 '썬 워크스테이

션 스파크 5'라는 컴퓨터에 16세기 덴마크의 천문학자 튀코 브라헤 Tycho Brahe의 이름을 미국식으로 따서 '타이코'라고 명명한 그날, 새 컴퓨터의 위력을 만끽하고자 허블 우주 망원경 연구소 홈페이지를 방문했다. 거기서 놀라운 천체 사진 하나를 보게 되었다. 7,000광년 떨어져 있는 독수리 성운의 사진인데, 거대한 분자 구름 기둥에서 별들이 우후죽순으로 탄생하고, 별 탄생으로 인해 뿜어지는 막대한 복사 에너지가 주변의 기체를 증발시켜 버리는 모습이었다. 32쪽 사진 참조 이렇게 멋진, 이렇게 웅장한 천체가 있다니. 이런 환상적인 천체를 내가 공부하고 있다니. 갑자기 밀려오는 기쁨과 자부심이 오후 내내 나를 흥분하게 만들었다. 나는 이 사진을 지금도 매 학기마다 학생들에게 보여 주며 그때의 감동을 되새긴다.

별의 진화 과정과 운명은 탄생 당시의 별의 질량에 따라 결정된다. 별의 질량이 태양의 10배보다 작은 별의 일생은 비교적 평온하다. 태양의 경우, 태어나서 죽기까지 100억 년 정도 걸린다.

먼저, 분자 구름의 한 영역에서 기체가 많이 밀집되고 그곳에서 별이 태어난다. 이론적으로 볼 때 기체가 중심부로 몰려들 때 원반을 형성할 것이라고 추측된다. 큰 기체 덩어리가 원반의 형태를 유지하며 점점 수축하면서 회전 속도가 빨라진다. 이것은 마치 피겨스케이터 김연아 선수가 한자리에서 회전할 때 팔을 오므릴수록 회전 속도가 빨라지는 것과 같은 원리이다. 이것을 각운동량 보존 법칙이라고 부르는데, 각운동량은 에너지와 함께 우주에서 변함없이 보존되는 가장 중요한 물리량이다. 이렇게 만들어진 원시별은 중심부에서 이제 겨우 수소를 태우는 핵융합 반응을 시작한다. 주변의 기체 중 별 주위로 빨려 들어가는 것은 수직 방향의 제트 현상을 일으키기도 한다. 시간이 흘러 별로부터 기체 원반이 완전히 분리될 때까지 원반에 있는 기체와의 마찰과 자기장과의 마찰을 통해 별의 자전 속도가 꾸준히 감소한다. 예를 들어 원시별의 자전 주기는 하루 정도로 관측되는 데 반해, 성숙한 별인 태양은 25일에 한 번 정도 자전을 한다.

원반의 중심부가 별을 만드는 데 쓰였다면, 외곽의 기체는 튕겨져 나가거나 행성을 만드는 데 쓰인다. 이렇게 별과 행성이 하나의 원반으로부터 만들어졌기 때문에, 행성은 주로 별이 자전하는 방향으로 공전한다. 또한 행성들의 궤도는 비교적 얇은 원반 내에 국한된다. 2006년 국제 천문 연맹이 행성의 자격을 박탈한 명왕성의 경우 다른 행성들이 공통으로 속해 있는 태양계면으로부터 17도나 기울어진 공전 궤도를 가지고 있어서 태양계 행성들과는 다른 과정을 통해 만들어졌을 것으로 판단되었다.

태양계의 행성 중 단연 으뜸은 목성인데, 그럼에도 불구하고 그 질량이 태양의 1,000분의 1, 즉 0.1퍼센트 정도에 불과하다. 수소 핵융합을 일으켜 별로 태어나기 위해서는 질량이 최소한 태양 질량의 7퍼센트 정도는 되어야 하므로 목성은 별이 되지 못했다. 만일 목성이 지금 질량의 100배 정도 더 컸더라면 별이 되었을 것이고, 우리 태양계는 두 개의 별을 가진 쌍성계가 되었을 것이다. 실제로 우주에 있는 별의 절반 정도는 쌍성의 형태로 존재한다. 상상해 보라. 우리는 태양이 뜨는 시각을 아침, 지는 시각을 저녁이라고 부르는데 별이 두 개 각기 다른 시각에 뜨고 지는 다른 항성계에서는 어떻게 아침과 저녁을 정의할까? 이를 다른 각도에서 생각해 보면, 우리가 당연하다고 생각하는 시간과 공간의 개념은 결코 절대적이지 못하고 지극히 상대적인 것이다. 천문학을 하면서 가장 먼저 배우게 되는 교훈이기도 하다.

다시 별 이야기로 돌아가자. 새롭게 태어난 별은 중심부에서 수소를 태워 헬륨을 만드는 과정으로부터 에너지를 얻는다. 앞서 6강에서 별이 에너지를 만드는 과정을 언급한 적이 있다. 별은 대부분 빅뱅 핵합성으로 만들어진 수소와 헬륨으로 구성되어 있다. 태양의 경우 총 질량의 70퍼센트가 수소, 28퍼센트가 헬륨, 그리고 2퍼센트가 그 밖의 무거운 원소이다.

1930년대까지 인류는 태양의 나이가 기껏해야 수백만 년 정도일 것이라고 생각했다. 왜냐하면 태양이 내는 빛이, 기체 구름의 중력 수축 과정에서 위치 에너지가 열 에너지로 바뀌는 것에서만 비롯되었다고 믿었기 때문이다. 하지만 1930년대에 한스 베테는 4개의 수소가 만나 1개의 헬륨을 만드는 과정에서 막대한 에너지가 나온다는 것을 이론적으로 알아냈다. 이는 수소 폭탄의 원리와 동일하다.

태양의 중심부, 즉 전체 질량의 10퍼센트 정도를 차지하는 부분은 온도가 1000만 도 이상으로 매우 높다. 이런 고온의 환경에서는 수소가 모두 이온화되어 있어서 양성자와 전자로 나뉘어 자유롭게 움직인다. 수소 원자핵인 양성자는 양전하를 띠므로 양성자끼리는 서로 밀어낸다. 하지만 온도가 이쯤 되면 양성자들이 매우 빠른 속도로 움직이므로 소수의 양성자들은 전자기적 척력을 이기고 서로 부딪힐 수 있다. 막대 자석의 N극끼리 가까이 대면 서로 밀어내지만 세게 집어던지면 별수 없이 부딪히는 것과 같은 원리이다. 복잡한 양자 역학적 설명을 생략하면, 결국 수소 핵 4개가 모여 연소되는 과정에서 1개의 헬륨 원자핵이 만들어진다. 그런데 헬륨 원자핵의 질량은 그 원료인 4개의 수소 원자핵의 질량 합에 비해 0.7퍼센트 정도 작다. 이 질량 차이에 해당하는 에너지, 즉 아인슈타인의 $E=mc^2$ 식으로 계산한 에너지가 별의 에너지원인 것이다. 이 계산을 별 중심부에서 핵융합에 사용되는 수소 전체에 적용하면 그 양이 엄청나게 커진다. 편지 봉투 뒷면에 대략 계산해 보니 지금 이 순간 태양 내부에서는 매초 1조 개의 수소 폭탄이 터지는 것에 맞먹는 에너지가 방출되고 있다. 이러한 막대한 양의 에너지는 태양을 100억 년 동안 빛나게 할 것이다.

지금은 기억이 가물가물하지만 다음과 같은 전설을 들은 적이 있다. 수소 핵융합에 대한 발견으로 나중에 노벨상을 받은 한스 베테가 별 내부에서의 핵융합을 처음으로 발견한 후, 그의 약혼녀와 바닷가를 거닐고 있을 때 약혼녀가 "자기, 별들이 참 아름답지?" 그랬더니 베테가 답하기를, "응. 그런데 나는 별이 '왜' 빛나는지를 아는 '유일한' 사람이야."라고 했단다. 논문을 아직 발표하지 않았을 때라고 한다. 다른 이들은 모르는 어떤 것을 자신만이 알고 있을 때 느끼는 희열. 이 희열을 아는 사람이 몇이나 있을까? 지구가 태양을 돌고 있다는 것을 처음으로 발견한 코페르니쿠스, 중력의 법칙을 발견한 뉴턴, 우주의 시공간이 더 이상 절대적인 것이 아니라는 것을 처음으로 발견한 아인슈타인, 우주의 팽창을 발견한 허블, 우주의 빛의 기원을 발견한 베테가

수소 핵융합을 발견한 한스 베테(왼쪽). 가속기 안을 자전거를 타고 돌고 있다.

느꼈을 희열을 상상해 보자. 과학자들이 사회적 지위와 부, 명예, 이런 것들에 아랑곳하지 않고 연구에 몰두할 수 있는 것은 바로 이런 희열 때문이 아닐까.

100억 년이라고 하면 무한한 것 같지만 우주의 나이 137억 년인 것에 비하면 꼭 그렇지도 않다. 결국 태양도 뜨거운 중심부에서 수소 연료를 소진하게 되고, 대체 에너지를 찾아야 하는 상황에 처하게 된다. 수소 핵융합을 더 이상 못하게 된 태양은 중심부가 다시금 중력 수축하게 되고 바깥 부분은 반작용으로 부풀면서 온도가 떨어지게 된다. 이렇게 부푼 상태를 적색 거성 단계라고 한다.

지금의 태양은 반지름이 70만 킬로미터이고 표면 온도가 6,000도 정도인데, 적색 거성이 된 태양은 그 크기가 지금의 200배 정도 커지고 표면 온도는 3,500도 정도가 된다. 현재 지구가 태양으로부터 1억 5000만 킬로미터, 즉 태양 반지름의 200배 정도 떨어져 있으므로, 태양이 적색 거성이 되면 지구를 거의 삼키게 된다는 말이다. 지구의 현재 평균 온도는 약 섭씨 20도, 즉 절대 온도 293도 정도인데 온도가 3,500도 정도로 10배 이상 오르게 되면 지구 생명체는 존재할 수 없게 될 것이다. 태양의 적색 거성 단계는 10억 년 정도 지속될 것이다. 하지만 너무 걱정할 필요는 없다. 이 단계로 들어서려면 50억 년은 더 기다려야 한다.

그러나 태양은 결국 대체 에너지를 찾는다. 수소 연소의 산물인 헬륨으로 가득한 중심부의 온도가 지속적으로 올라가다가 결국 약 1억 도가 되면 헬륨을 태워 탄소를 만드는 새로운 핵융합을 수행할 수 있게 된다. 수소 핵융합만큼 효율적이지는 않지만, 그런대로 빛을 내며 1억 년 정도의 새로운 삶을 살 수 있게 된다. 하지만 결국 헬륨도 소진하고 약간의 탄소를 태운 후 더 이상의 원소를 태우기에는 온도가 부족한 단계로 접어들어, 빛나는 별의 생을 마감하게 된다. 이때 중심부는 백색 왜성으로 수축해 매우 밀도가 높고 작은 모습을 갖게 된다. 백색 왜성의 크기는 보통 지구만 한데, 그 밀도는 각설탕 하나 크기에 승용차 한 대 정도의 질량이 들어 있는 것과 같다. 죽어 가는 별의 외곽부는 이제 별의 모습을 잃고 우주 공간으로 퍼져 나간다. 그 모습이 실로 장관이다. 이미 2강에서 별의 최후 모습을 봤듯이,33~34쪽 사진 참조 천태만상이다. 허블 우주 망원경 홈페이지에 다시 한번 가 보자.

태양보다 질량이 10배 이상 큰 별들도 태어나는 과정은 비슷하다. 하지만 화끈하게 산다. 큰 별은 중심 온도가 매우 높아서 엄청난 속도로 수소와 헬륨을 연소하는 단계를 거치고, 심지어 탄소를 태워 산소를 만드는 전혀 새로운 핵융합을 한다. 이 모든 단계가 1000만 년 정도의 짧은 시간 동안 이루어진다. 하지만 이것도 한계가 있다. 별의 중심부가 태울 수 있는 원소가 고갈된 다음 급격히 중력 수축하며 온도가 다시 높아진다. 수 초간의 짧은 시간 동안 여러 핵반응이 연쇄적으로 일어나 산소로부터 규소, 황, 철 등을 만든다. 이 짧은 시간 동안, 빅뱅이 만든 수소와 헬륨 그리고 작은 별이 만드는 탄소와 산소를 제외한 우주에 있는 거의 모든 무거운 원소가 만들어진다. 이때 발생한 엄청난 핵융합 에너지는 별이 중력적으로 감당할 수 없으므로, 결국 초신성 폭발이 일어나게 된다.

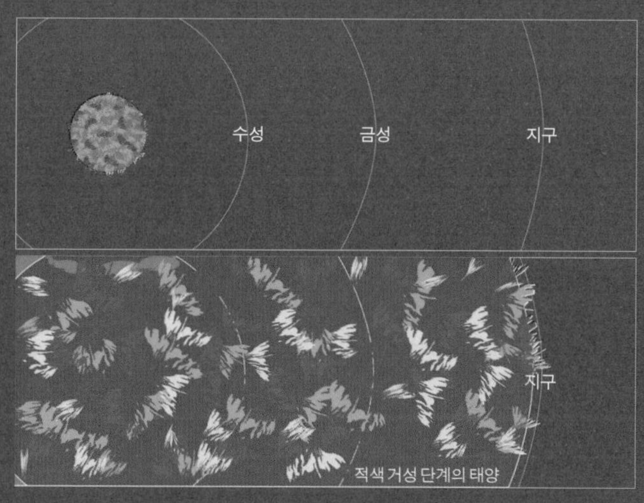

50억 년 후에는 태양이 적색 거성이 되어 지구를 거의 삼킬 것이다.

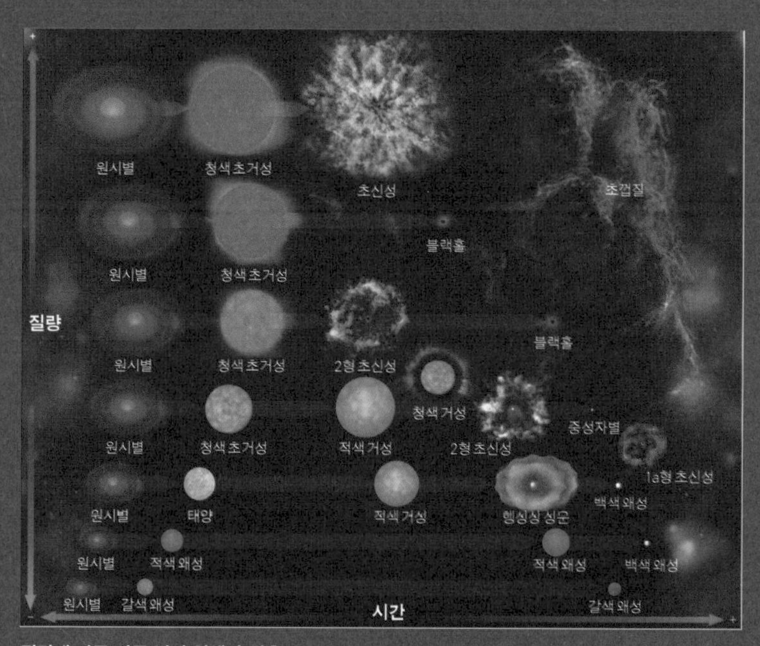

질량에 따른 다른 별의 일생과 최후

별 하나의 초신성 폭발은 순간적으로 은하 전체의 밝기를 능가할 정도로 밝은 빛을 낸다. 이때 별의 폭발은 정확히 별의 중심에서가 아닌, 약간 바깥쪽 껍질에서 일어나므로 폭발하는 별의 중심부는 오히려 안쪽으로 수축해 매우 밀도가 높은 핵을 만든다. 이렇게 만들어진 핵은 경우에 따라 중성자별이나 블랙홀이 된다. 이 경위는 아직 확실하지 않다.

중성자별은 별의 모습을 가지지만, 너무나도 밀도가 높아 원자핵과 전자로 구성되는 원자 상태조차 존재할 수 없는 별이다. 양성자와 자유 전자가 무질서하게 뒤엉켜 외부에서 보면 전기적으로 중성으로 보이므로 중성자별이라고 부른다. 이 별의 물질을 각설탕만큼 가져오면 그 무게가 2억 톤, 즉 지구상에 있는 모든 자동차의 무게의 합과 비슷하게 된다. 2억 톤이라는 숫자, 물론 오타 아니다.

블랙홀이 된 별의 경우에는 밀도, 질량, 크기 등의 개념을 세우기 힘들다. 다만 빛이 탈출할 수 없게 되는 경계인 슈바르츠실트 반지름 Schwarzschild radius, 카를 슈바르츠실트가 계산해 낸 블랙홀의 반지름 내부에 있는 블랙홀 물질은 각설탕만큼 밖으로 가지고 나올 수 있다고 치자. 그 질량은 1조 톤 정도일 것이다. 블랙홀은 빛조차도 탈출할 수 없는 천체라는데 도대체 그 존재 여부를 어떻게 알 수 있을까? 블랙홀 그 자체는 볼 수 없지만, 그 주변에서 일어나는 간접적인 효과를 통해 찾을 수 있다. 엑스선 천체 백조자리 X-1은 이렇게 발견된 최초의 블랙홀이다. 이 천체는 태양 질량의 9배인 블랙홀과 태양 질량의 30배쯤 되는 청색 초거성이 서로를 공전하는 쌍성계이다. 블랙홀은 원래 태양 질량의 40배 정도의 초거성이었는데, 1000만 년 정도의 짧은 일생을 마친 후 초신성 폭발을 통해 블랙홀이 되었다. 이 블랙홀은 관측이 불가능하다. 하지만 그 주변에 있던 짝별이 우리를 도와준다. 그 짝별은 시간이 갈수록 부피가 커지게 되어 어느 순간이 되면, 별의 표면 물질이 별 자체로부터 받는 중력보다 블랙홀로부터 받는 인력이 더 커지게 된다. 이해하기 힘들다고 생각하는 독자를 위해 예를 들어 보겠다.

맑은 밤 하늘에 달을 본 기억이 있는가? 달의 표면을 보면 울퉁불퉁 둥그런 자국이 많이 있다. 이것은 달에 운석이나 소행성이 충돌해서 생긴 흔적이다. 이런 흔적은 지구에는 드문데 왜 유독 달에는 그리 많을까? 달에는 대기가 없기 때문이다. 소형 천체들이 대기권에서 마찰로 타 버리는 대신, 그대로 지면에 충돌하기 때문이다. 원래는 달에도 대기가 있었는데 지구와 너무 가까이 있어서 달의 대기를 지구에 모두 빼앗겼다. 달의 대기가 느끼는 지구의 중력이 달 자체의 중력보다 더 컸던 것이다. 블랙홀도 이와 같이 주변의 기체를 빨아들일 수 있다. 이때 빨려 들어가는 기체는 블랙홀 바로 주변에 강착 원반을 형성하고 100만 도 이상으로 고온화된다. 이렇게 높은 온도로 가열된 강착 원반의 기체는 엑스선을 방출하게 된다. 이러한 엑스선 방출이 백조자리 X-1을 비롯한 여러 천체에서 발견되었고, 그중 일부가 블랙홀이라고 믿어지고 있다.

우리의 별인 태양은 블랙홀이나 중성자별이 되지는 않을 것이다. 아마 백색 왜성이 되어 천천히 식어 갈 것이다. 아주아주 긴 시간이 걸리겠지만 말이다.

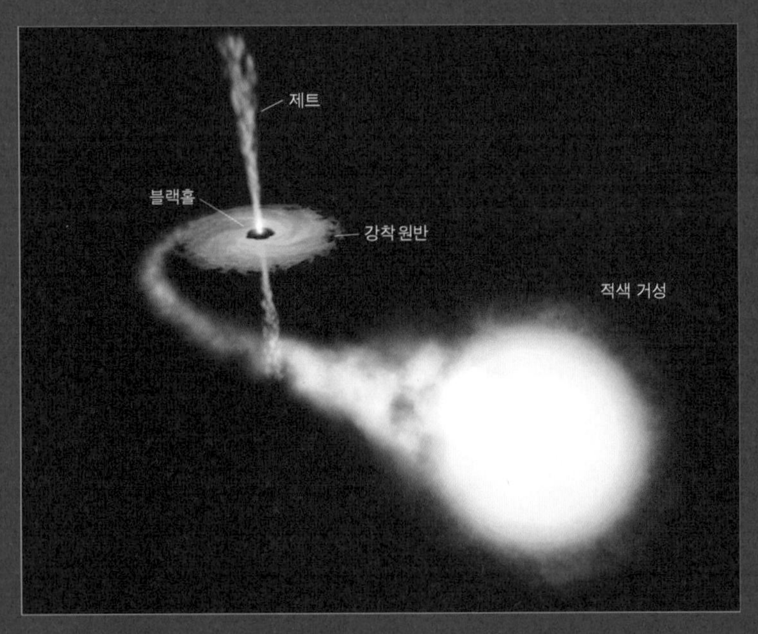

블랙홀과 강착 원반(상상도)

초신성은 자신이 만든 대부분의 원소를 우주에 퍼뜨린다. 예를 들어 우주에서 발견되는 모든 철은 초신성에서 만들어졌다. 독자의 몸에 흐르는 핏속의 철분도 모두 태양이 태어나기 얼마 전 어느 날 이름 모를 초신성 하나가 우리 은하에 환원한 것이다. 만일 초신성이 자신이 평생을 걸쳐 만든 규소, 네온, 황, 철 등의 무거운 원소들을 아까워서 그냥 끌어안고 죽기로 결정했다면 우리 우주에는 생명이 태어나지 못했을 것이다. 평생 모은 재산을 말년에 아낌없이 사회에 환원하는 이들이 가끔씩 있어, 이 사회가 그나마 살 만한 것처럼 느껴지듯이, 자신이 만든 원소들을 아낌없이 돌려준 거대한 별들이 있기에 이 우주가 아름다운 게 아닌가 싶다.

사람 몸속의 대부분의 원소가 초신성과 같은 별 속에서 일어나는 핵융합 반응의 파생 물질이라는 사실을 비아냥거리며 "사람은 우주의 핵폐기물"이라고 표현했던 사람도 있다. 하지만 나는 같은 내용을 조금 더 긍정적으로 표현하고 싶다. 우리 인류는 모두 "한 초신성의 후예"라고. 나는 학생들에게 묻는다. "성과 본이 어디냐?" 그러면 학생들이 대답한다. "초신성의 후예 나한별입니다."라고. 자, 여러분도 스스로를 정의해 보자. 우주의 핵폐기물인가, 초신성의 후예인가?

● **파도바 대학교**

2009년은 국제 연합UN이 정한 세계 천문의 해이다. 갈릴레오 갈릴레이Galileo Galilei가 400년 전 망원경을 제작해 목성을 돌고 있는 4개의 위성을 발견했다. 모든 천체가 지구를 중심으로 돌고 있다는 과거의 믿음을 한번에 날려 버린 위대한 업적을 기념하는 해인 것이다. 이탈리아 피사에서 태어난 갈릴레오는 이 위대한 발견을 파도바 대학교에서 교수로 있던 때 했다.

파도바 대학교는 베네치아에서 30분쯤 떨어진 아름다운 중세 도시에 있는데, 그 도시의 중심부에 가면 갈릴레오의 흔적이 여러 곳에 남아 있다. 그 명성을 이어 파도바 대학교는 지금도 이탈리아 천문학의 중심지다. 항성 진화 연구의 대가 체자레 키오시Cesare Chiosi, 은하 역학의 대명사 프란체스코 베르톨라Francesco Bertola, 항성 종족 연구의 지존 잠파올로 피오토Giampaolo Piotto 등 기라성 같은 천문학자들이 포진해 있다.

키오시 교수와의 잊을 수 없는 일화가 있다. 박사 학위 연구에 열중하던 1994년 여름 어느 날, 갓 출판된《미국 천체 물리학회지*The Astrophysical Journal*》가 도서관에 배달되었다. 그 안에 키오시 교수 그룹의 논문이 있었다. 보통의 논문이 10쪽 정도인 데 반해 그 논문은 무려 53쪽이나 되었는데, 그 내용이 나의 박사 연구 주제와 정확히 일치했다. 떨리는 손으로 논문을 두 부 복사해 그길로 지도 교수들의 방으로 찾아가서 난 이제 죽었다고 말한 기억이 생생하다. 어찌어찌해 나도 같은 주제로 박사 학위를 마쳤다. 몇 년 후 미국 아나폴리스에서 열린 학회에서 키오시 교수를 만나게 되었다. 그런데 내가 쓴 논문을 통해 나를 잘 알고 있다고 하는 것이 아닌가. 같은 그룹의 또 다른 교수는 내가 발표한 논문을 모두 다 읽었다고도 했다. 나는 먼저 큰일을 해 낸 이분들께 부끄럽다고 해야 할지, 알아 줘서 고맙다고 해야 할지 몰라서 안절부절못했다. 몇 년 후 나는 옥스퍼드 대학교 교수직에 지원하게 되었다. 교수직에 지원하려면 세 명의 학자로부터 연구 능력에 대한 추천서를 받아야 했는데, 보통은 지도 교수나 친분이 있고 영향력 있는 학자들에게 받는다. 그런데 나는 키오시 교수에게 이메일을 써서 "한 번도 함께 일한 적은 없지만, 내 연구에 대해 세계에서 제일 잘 아시는 분이니 객관적으로 추천서를 써 주실 수 있으신지요?" 하고 물었다. 놀랍게도 쉽게 승낙하셨고, 덕분에 8개월 후 옥스퍼드에 가게 되었다. 결국 내 인생을 망친 줄 알았던 사람이 내게 최고의 영예를 안겨 준 것이다. 2년 전에 그분의 65세 생신을 기념하는 학회가 이탈리아 베네치아에서 열렸는데 그제서야 비로소 감사하는 마음을 전할 수 있었다. 그런데 키오시 교수는 그 공을 인정받는 것보다는 내게 좋은 에스프레소 기계를 소개해 주는 데 더 관심을 가지셨다. 그 모습이 지금도 눈에 선하다. 그때를 기억할 때마다 절로 미소가 지어진다.

lecture 17

21세기는 천문학의 시대

갈릴레오의 과학 혁명, 허블의 우주 팽창 발견 등 인류 세계관의 획기적 발전은 주로 새로운 관측의 창이 열렸을 때 일어났다. 20세기 초부터 속도가 붙은 관측 기기의 발전은 21세기에 접어든 지금 최정상을 향해 치닫고 있다.

먼저, 빅뱅 우주론의 증거를 높은 정밀도로 수집한 20세기의 우주 배경 복사 프로젝트인 코비COBE, WMAP 등에 이어 유럽 우주국에서는 플랑크Planck라는 차세대 우주 배경 복사 탐사 위성을 2009년 5월에 발사했다. 플랑크 위성은 WMAP처럼 지구에서 태양의 반대쪽에 동역학적으로 안정적인 라그랑주 2 지점에 위치하게 되고, 우주의 물질 밀도, 암흑 에너지 등의 다양한 우주론적 정보를 WMAP을 통한 것보다 10배 이상 더 정밀한 수준으로 알려 주었다. 플랑크 관측 결과에 대한 분석이 끝날 즈음, 우리 인류는 최소한 빅뱅 패러다임 안에서 우주의 과거, 현재, 그리고 미래를 알 수 있게 될 것이다.

20세기 관측 천문학의 꽃은 아무래도 허블 우주 망원경의 탄생일 것이다. 18년 동안의 쉼 없이 일해 온 허블 우주 망원경은 이제 새로운 우주 망원경으로 대체될 계획이다. 새 망원경의 이름은 과거의 미국 항공 우주국 국장의 이름을 딴 제임스 웹 우주 망원경James Webb Space Telescope, JWST이다. 2018년 발사될 계획인, 렌즈의 지름구경이 6.5미터짜리인 이 망원경은 질량이 6톤을 넘는다. 허블 우주 망원경은 지상에서 570킬로미터 떨어진 지점에서 지구를 90분에 한 번씩 공전한다. 무려 초속 8킬로미터의 속도로 운행하면서 작은 별도 놓치지 않고 연속적으로 관측할 수 있다. 반면 JWST는 지구에서 볼 때 태양 반대쪽으로 150만 킬로미터 떨어진 라그랑주 2 지점에 영구히 위치할 예정이다. 따라서 JWST는 지구처럼 태양을 초속 30킬로미터시속 10만 8000킬로미터로 공전하며 천체를 정밀하게 관측할 것이다. 이런 일이 정말 가능하다니, 실로 천문학과 우주 공학이 힘을 합쳐 이룬 위업 아닌가. 허블 우주 망원경보다 망원경 거울이 7배 이상 큰 이 망원경이 가동되기 시작하면, 이전에는 꿈꾸지 못했던 전혀 새로운 현상들을 발견할 수 있을 것이다. 이를 위해 미국 항공 우주국, 유럽 우주국, 캐나다 우주국이 함께 일하고 있다.

지상에서도 엄청난 변화가 일어나고 있다. 우선 미국의 카네기 천문대가 주도하고 한국과 호주가 참여하는 세계 최대 25미터 구경의 대마젤란 망원경Giant Magellan Telescope, GMT 프로젝트는 2018년 시험 관측을 목표로 추진 중이다. 현재 세계 최대의 망원경인 켁 망원경이 구

플랑크 우주 망원경

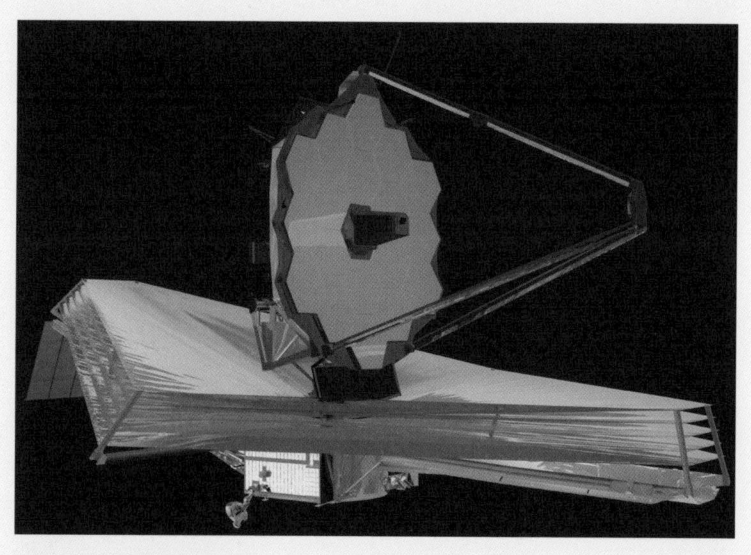

제임스 웹 우주 망원경(JWST)

경 10미터인 것에 비하면 괄목할 만한 발전이다. 8.4미터 지름의 반사경 7개를 사용해 만드는 이 망원경은 이미 구경 6.5미터 마젤란 망원경을 성공적으로 만든 카네기 연구소의 기술과 하버드 대학교, 애리조나 주립 대학교, 텍사스 주립 대학교, 호주 국립 대학교 등 관측 기술 개발에 탁월한 연구팀들이 컨소시엄을 조직해 추진 중이다. 우리나라는 관측 조건이 좋지 않아서 관측 기술의 발달이 느린 편이었는데, 이 세계 최대의 망원경 프로젝트에 참여함으로써 첨단 천문학 연구를 수행할 수 있게 되었다. 완공 이전에도 마젤란 컨소시엄이 보유하고 있는 다양한 관측 기기를 사용할 수 있으리라 기대하고 있다.

이 외에도 미국 캘리포니아 주의 대학들을 중심으로 계획 중인 TMT Thirty Meter Telescope 프로젝트는 492개의 지름 1.2미터 크기의 작은 반사경을 조합해 30미터 구경의 망원경을 만드는 것을 목표로 한다. TMT는 당초 켁 망원경이 있는 하와이에 건설될 계획이었으나 지역 주민들과 합의가 이루어 지지 않아서 새로운 망원경 부지를 물색하는 어려움을 겪고 있다. 현재로서는 완공 시점을 예측하기 어렵다. TMT는 GMT에 비해 더 구경이 크므로 집광력이 앞선 반면, GMT는 적은 수의 반사경을 사용하므로 관측 해상도가 더 우수할 것으로 예측되고 있다. 한편, 남유럽 천문대는 구경 42미터급 망원경 ELT Extremely Large Telescope를 계획 중이다.

눈치 빠른 독자는 벌써 알아차렸겠지만, 천문학 기기의 이름은 무척 유치하다. 이름 그대로 해석해 보면 세계 최고의 전파 망원경 집단인 VLA Very Large Array는 '엄청나게 크게 배열된 망원경'이고, 현존하

대마젤란 망원경(GMT)

TMT

ELT

ALMA
SKA
가이아(Gaia)

는 최고의 광학 망원경 VLTVery Large Telescope는 말 그대로 '엄청 큰 망원경'이다. TMTThirty Meter Telescope는 '30미터 크기 망원경'이며, ELTExtremely Large Telescope는 '극도로 큰 망원경'이다. 현재 계획 단계인 100미터급 망원경 프로젝트는 OWL이다. 한번 추측해 보라. 무슨 뜻일지. 답답해할 독자들을 위해 미리 답을 하자면, '압도적으로 큰 망원경'이라는 의미에서 OverWhelmingly Large telescope이다. 내가 이쯤 이야기하면 보통 학생들이 배꼽을 잡고 넘어진다. 하지만 사실은 망원경으로 우주를 연구해 온 역사가 그만큼 길어서 멋진 이름은 이미 다 사용되었기 때문에 이런 일견 유치해 보이는 이름이 붙는 것이다. 멋진 변명 아닌가?

이웃 나라 일본은 이미 구경 8.2미터 스바루 망원경을 1998년에 완공해 최첨단 천문학 연구 국가로 부상했다. 참고로 우리나라의 최대 망원경은 1.8미터 구경을 가진 보현산 망원경이다. 지갑을 열어 1만 원짜리 지폐를 꺼내 보라. 조선 숙종 때 만든 혼천의 옆에 그 모습이 그려져 있다. 이처럼 선진 각국에서 첨단의 천문 기술을 개발하는 이유는 천문학이야말로 꿈의 학문이기 때문이다. 지구상에서는 불가능한 실험도 우주에서는 가능하다. 그리고 이러한 극한의 연구를 통해 우주와 물질에 얽힌 근본적인 문제를 해결할 수 있다. 새로운 망원경들과 관측 기술을 개발하는 과정에서 파생되는 전자, 통신, 로켓, 광학, 컴퓨터, 영상 처리 등의 수많은 기술은 암세포를 찾고, 컴퓨터 바이러스를 퇴치하고, 우주 탐사를 가능하게 만들고, 대용량 자료를 동시에 다룰 수 있게 하는 등 우리의 실질적인 삶을 윤택하게 한다.

이런 엄청난 관측 시설로 정확히 어떤 연구를 하고자 하는 것일까? 초기 우주, 은하의 탄생, 최초의 별 탄생 등 수없이 많은 연구를 할 수 있다고 쉽게 말할 수 있다. 하지만 정말 중요한 연구 성과는 아무도 예상할 수 없다.

갈릴레오가 망원경으로 목성을 처음 관찰했을 때 스스로가 수천, 수만 년을 이어 오던 인류의 우주관을 송두리째 바꾸게 될 줄은 꿈에도 생각하지 못했을 것이다. 펜지어스와 윌슨도 안테나에 쌓인 비둘기 똥을 제거하면서 빅뱅의 가장 강력한 증거를 찾을 것이라고는 상상하지 못했을 것이다. 가장 고귀한 발견은 우리가 상상하지 못하는 방식으로 상상할 수도 없는 가치를 가지고 불쑥 찾아올 것이다.

21세기는 천문학의 시대이다. 앞에서 언급한 위대한 차세대 망원경들 외에도 전파 천문대인 ALMAAtacama Large Millimeter/submillimeter Array, SKASquare Kilometer Array, 우주 측광 탐사선 가이아Gaia 등 셀 수 없을 정도로 많은 우주 탐사 프로젝트가 진행되고 있다. 나는 요즘 미국과 유럽의 여러 대학으로부터 학생을 보내 달라는 요청을 자주 받는다. 우수하기로 정평이 난 한국 학생들이 활약할 시대가 함께 열린 것이다. 자, 이제 독자들 중 누가 이 역사에 참여할 것인가?

● 미국 항공 우주국

내가 예일 대학교에서 박사 학위 연구를 한참 진행하고 있을 때, 어느 날 이상한 전화를 받았다. 나는 그때 학과의 절친한 동료 시드니 반스Sydney Barnes와 120년 된 집의 한 층을 나누어 쓰고 있었는데, 누가 전화를 걸어 미국 항공 우주국 '나사NASA'라고 하는 것이 아닌가. 나는 내가 무언가 잘못을 한 줄 알았다. 알고 보니 미국 항공 우주국의 한 연구원인데 내가 진행하고 있는 연구가 흥미로우니 박사 학위를 마치고 자기한테 와서 박사 후 연구원 과정을 가지면 어떻겠냐는 전화였다.

박사 후 연구원은 박사 학위를 마친 후 내공을 쌓는 시기라고 볼 수 있는데, 이 자리야말로 한 연구자의 미래를 좌지우지한다. 결국 내 첫 번째 직장은 미국 항공 우주국의 여러 캠퍼스 중 핵심이라고 할 만한 고더드 우주 비행 센터 21동이 되었다. 이곳에서 나는 샐리 힙Sally Heap, 앨런 스와이거트Allen Sweigart 박사와 허블 우주 망원경을 이용한 연구에 참여하게 되었다.

미국 항공 우주국은 크게 여섯 개의 대형 연구소로 구성되어 있다. 그중 가장 널리 알려진 것이 기초 연구와 우주 관측 임무에 중점을 둔 그린벨트의 고더드 우주 비행 센터Goddard Space Flight Center와 태양계 탐사선 연구를 활발하게 하고 있는 패서디나의 제트 추진 연구소Jet Propulsion Laboratory이다. 이 외에도 휴스턴 우주 센터Space Center Houston, 케네디 우주 센터Kennedy Space Center, 에임스 연구 센터Ames Research Center, 랭글리 연구 센터Langley Research Center 등도 대규모 연구 및 비행 관제 시설을 가지고 있다. 제트 추진 연구소 정문을 들어서면 미국 항공 우주국이 지금까지 쏘아 올린 대표적인 탐사선의 최근 동향을 담은 큰 전광판을 볼 수 있다. 이 전광판은 1972년과 1973년에 쏘아 올린 파이어

니어Pioneer 10호와 11호, 또한 1977년에 발사한 보이저Voyager 1호와 2호가 벌써 명왕성의 궤도를 훌쩍 넘어 서로 다른 방향으로 우주를 항해하고 있다는 것을 실시간 위치와 함께 보여 주고 있다. 이곳의 연구원들은 탐사선의 수명이 다할 2020년경까지 혹시나 외계의 지적 생명체를 만날 수 있을까, 태양계 외곽은 어떤 모습일까 상상하며 연구를 수행하는 것이다. 이 전광판을 처음 본 순간 머리와 가슴에 밀려드는 감동은 이루 말로 다 할 수 없을 정도로 컸다. 미미한 인간이 서로 머리를 맞대어 이렇게 위대한 일을 할 수 있다니!

내가 근무했던 고더드 우주 비행 센터는 그 연구 활동을 다 기술할 수가 없을 정도로 많은 일을 한다. 허블 우주 망원경, 코비, JWST 등 수많은 우주 망원경을

제작해 우주 공간으로 보내고, 상주하는 연구원도 1만 명이 넘는다. 지금도 그곳에서 보낸 날들에 대해 꿈을 꾼다. 저녁 늦게까지 연구하는 날이면 어김없이 연구실 창가에서 궁금한 눈으로 쳐다보던 사슴들. 저녁에 차를 몰아 퇴근할 때는 사슴들에게 길을 내주며 미소를 짓던 21동의 나날들이 지금도 머리를 떠나지 않는다.

이 사슴들은 처음에는 고더드 우주 비행 센터 밖에서 살았는데, 어느 날 우연히 2미터가 넘는 담을 넘어왔다가 담의 구조상 되돌아가지 못하고 남게 된 사슴들의 후손이란다. 야생의 환경에서 첨단 연구를 하는 역설적인 느낌이 들곤 했다. 참, 내가 지내던 건물 바로 앞에 있던 길의 이름은 4강에서 언급한 우주 배경 복사 연구 위성의 이름을 딴 코비 길COBE street이었다.

lecture
18

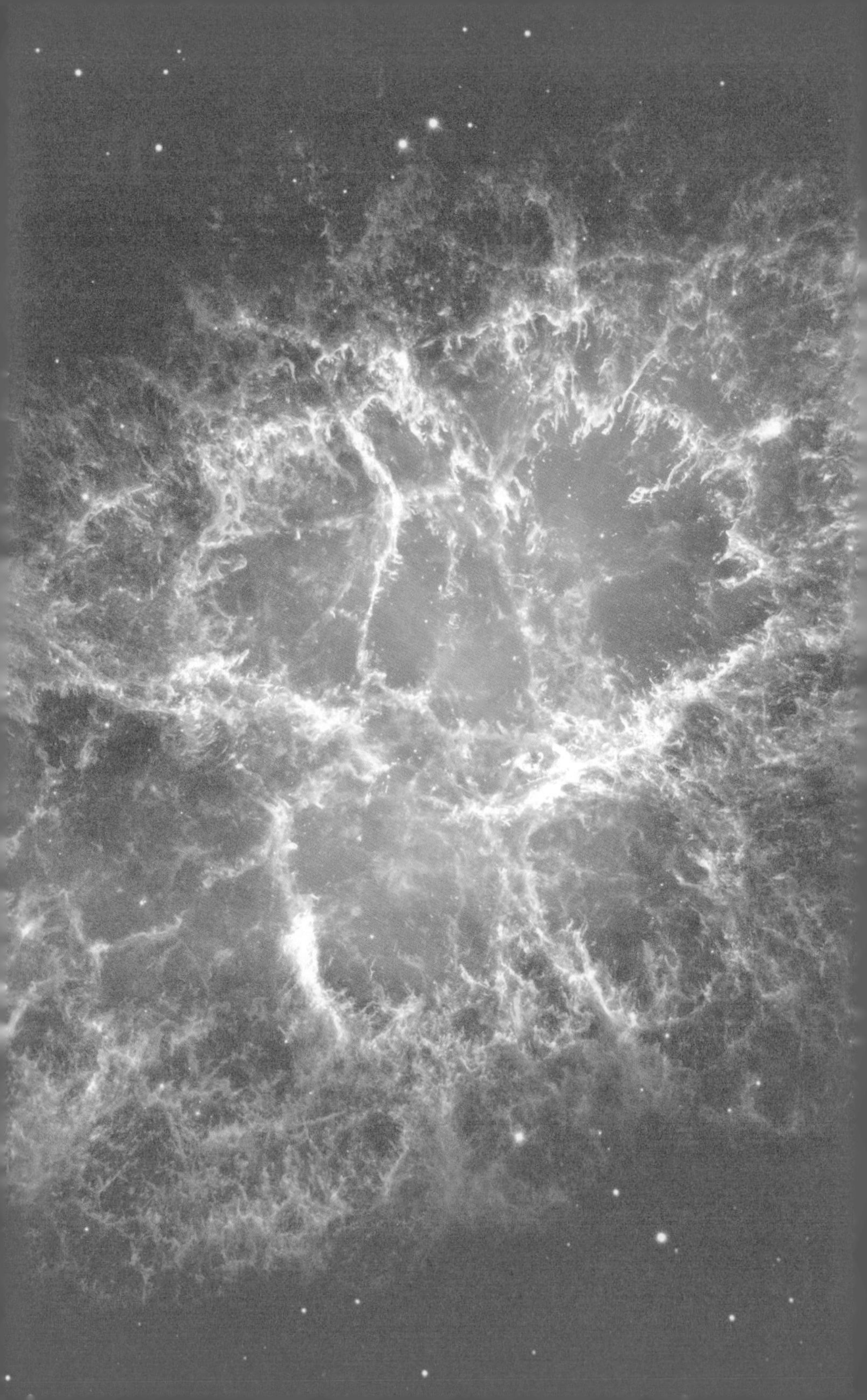

이 모든 것이 빅뱅의 산물이다

대학 시절 가방이 무겁게 느껴질 때마다, 그 안에 있는 천문학 책들을 보며 "이 안에 온 우주가 있으니 무거울 수밖에." 하며 웃던 일이 생각난다.

대부분의 사람들이 하루하루에 매달려 시간을 보낼 때, 어떤 사람들은 어두운 하늘을 보며 우주의 신비를 이해하고자 힘쓴다. 나의 우주를 조금만 넓혀 지구를 생각하면 분리 수거를 열심히 할 테고, 소행성의 충돌로 멸종된 공룡을 기억한다면 인류의 미미함을 깨닫고 겸손해질 텐데. 태양이 있기 전 이름 없는 초신성 폭발 하나가 자신의 모든 보물을 우주에 환원함에 따라 태양계에 생명력을 불어넣었다는 것을 알게 될 때, 우리 모두가, 지구 생명 전체가 한 초신성의 후예라는 것을 알게 되고, 하나의 끈으로 연결되어 있음을 깨닫게 될 것이다.

인간의 몸은 결코 우주와 분리해 생각할 수 없다. 여러분의 몸의 대부분을 이루는 물의 원료 수소는 거의 100퍼센트, 태초에 3분 동안 빅뱅 핵합성을 통해 만들어졌다. 산소, 질소, 마그네슘, 인, 황, 구리, 철 등을 포함한 나머지 모든 원소는 이름 없는 초신성과 다른 별들에서 만들어졌다. 우리 몸속의 어느 한 구석도 한반도 혹은 지구에만 국한되어 만들어진 것이 없다. 신호 끊긴 텔레비전 수신기의 잡음이 우주의 과거를 담은 우주 배경 복사의 일부라고 말한 적이 있다. 그러나 우주 탄생의 흔적을 우리는 더 쉽게 찾아볼 수 있다. 그냥 눈을 슬쩍 돌려, 이 책을 들고 있는 내 손, 목을 시원하게 축여 주는 냉수, 그리고 펜과 종이를 보라. 이 모든 것이 빅뱅의 산물이다. 우리 인간은 초신성의 후예이며, 우주의 후예인 것이다.

우주가 실로 광대하다지만 우주의 스타는 바로 우리다. 우리의 존재를 위해 확률이 희박한 일들이 마치 요술처럼 벌어졌기 때문이다. 우선, 우주는 존재하는 것 자체가 이해될 수 없는 아이러니이다. 우주는 왜 시작되었을까? 왜 우주 초기에 입자가 반입자보다 조금 더 많았을까? 왜 전자가 양전자보다 조금 더 많았을까? 빅뱅 우주론 패러다임 내에서 생각해 보면, 편평도의 문제는 지금의 우주가 존재하는 것이 비정상이라고 말한다. 급팽창 이론이 이 문제를 해결했다고 하지만, 사실 급팽창 이론 자체도 불완전한 이론이다. 따라서 우리 우주는 아직도 그 존재 자체가 특별하다.

우주 배경 복사로부터 특별한 교훈을 얻었다. 급팽창은 우주의 다리미로 기능해 우주의 물질을 거의 완벽하게 균일하게 만들었지만 급팽창의 마지막 순간 우주는 새로운 양자 역학적 요동에 직면한다. 이

요동은 우주 밀도 분포에 아주 미세한 차이를 일으킨다. 이렇게 미미하게 시작한 밀도의 차이는 우주가 38만 년의 나이를 가질 때까지 꾸준히 증가하는데, 그럼에도 불구하고 여전히 10만분의 1 정도에 불과했다. 20세기까지의 과학은 자연 현상의 '대푯값'을 찾는 것이었다. 태양의 표면 온도는 5,777도인지 혹은 얼마인지, 은하의 크기와 중심부의 블랙홀의 크기가 4제곱에 비례하는지 어떤지, 우주 나이 38만 년 때의 온도가 3,000도였는지 2,750도였는지 등을 찾아온 것이 좋은 예라고 할 수 있다. 따라서 20세기 과학의 패러다임 안에서 보면, 우주의 나이가 38만 년일 때의 10만분의 1 밀도 변이는 '잡음'에 불과한 것이다.

하지만 이제 우리는 이 잡음이 무엇을 의미하는지 알고 있다. 바로 이 잡음이 우주 거대 구조의 씨앗이었고, 이 씨앗이 자란 암흑 웅덩이 안에서 은하와 별이 탄생했다. 잡음이 없었다면 은하도, 별도, 우리도 없다. 우주 배경 복사의 잡음이 없었다면 우주의 팽창은 계속되었겠지만 우주는 완벽히 균일한 대신 다양성과 생명이 없는 우주가 되었을 것이다. 그렇다면 잡음은 대푯값과 동일한 중요성을 갖는 것이다. 태양의 경우도 5,777도라는 표면 온도만이 중요한 것이 아니고 국지적으로 온도가 낮은 흑점의 활동이 태양 진화에 매우 중요하며, 블랙홀의 질량이 은하 질량과 4제곱의 비례를 보이지만 여기에 나타나는 잡음 또한 은하의 별 탄생 역사에 지대한 영향을 가진다. 이렇게 중대한 잡음의 역할을 조명하는 것을 나는 '잡음의 과학science of noise'이라고 부른다.

21세기 과학은 잡음의 과학일 것이다. 과거에는 쓰레기통으로 던져

넣었던 온갖 잡음을 다시 들추어내 그 크기를 측정하고, 이미 의미를 파악한 대푯값과의 관계를 찾아보고, 그 결과를 분석할 때 비로소 과거에는 상상할 수 없었던 가치를 발견할 수 있을 것이다.

사람도 자연과 비슷한 것 같다. 우리는 가치관이 형성되는 청소년기의 학생들에게 사회가 존중하는 일반적인 가치를 가르치기 위해 적당히 획일화된 교육을 제공한다. 최소한 선하고 건설적인 행동을 알고 실천에 옮기기를 바라는 것이다. 하지만 우리는 동시에 우리 사회를 이루는 구성원들이 모두 똑같아지기를 바라지 않는다. 따라서 독특하고 창의적인 생각을 하는 것에 가치를 둔다. 창의성은 잡음에서 나올 가능성이 크다. 따라서 무엇인가 독특하고 신선한 생각을 하는 이들에게 주목할 필요가 있다. 이들이 설혹 획일화된 제도를 완전하게 따르지 못한다 할지라도 그들을 위한 대체 교육과 제도를 마련할 필요가 있다. 평범한 대부분의 사람들이 우리 사회의 안정적인 발전을 보장해 주는 것이 중요한 만큼, 신선하고 색다른 생각을 가진 소수가 우리 사회에 다양성을 주는 것도 중요하기 때문이다.

비밀은 끝이 없다. 광활한 우주의 빅뱅 팽창은 우리가 '알지 못하는' 암흑 에너지와 암흑 물질의 힘을 이용해 놀라운 정교함으로써 우주 거대 구조를 만든다. 우주 거대 구조는 비밀스럽게 온갖 은하를 만들고, 은하는 아름다운 별을 만들고, 별은 우주에 다양한 원소와 생명의 기반을 마련한다. 그곳에서 나약한 인간이 탄생하고 그 광대한 우주가 어떻게 자신들을 있게 했는지를 이해하며 감탄한다. 우리는 우주가 만드는 최고의 걸작이며 우주 존재의 이유이다.

이렇게 특별한 우주에 137억 년의 과정을 통해 태어난 우리. 우리 우주에 있는 1000억 개의 은하 중 하나인 우리 은하, 우리 은하에 있는 1000억 개의 별 중 그저 한 별인 태양, 그리고 그 안에서 동시대를 살고 있는 66억 명의 인구 중 하나인 나. 하찮아 보이는 나를 위해 거대한 우주가 한 일을 생각해 보면, 나는 얼마나 특별한 존재인가. 그리고 이렇게 특별한 내가 또 그렇게 특별한 다른 사람을 만나 이야기 나누고, 웃고, 살아가는 것은 얼마나 특별한 일인가. 오늘은 주변 사람들에게 문자 메시지를 보내 보자.

"드넓은 우주에서 같은 행성에 태어나 당신과 함께 살아가는 것이 큰 기쁨입니다."

편평한 우주의 팽창

7강에서 우주 팽창의 운명이 우주가 가진 총 에너지 밀도에 의해 결정된다는 것을 배웠다. 그중 가장 간단하고도 직관적인 경우가 편평한 우주인데, 그 팽창 양상에 관해 종종 오해가 있어서 살짝 짚고 넘어가기로 한다.

편평한 우주? 우주가 편평하다는 것은 우주의 팽창이 한계 값에 점근한다는 뜻이 아니고 우주의 기하가 편평하다는 뜻이다. 실제로 가장 간단한 편평한 우주 모형을 계산하면 편평한 우주도 계속 팽창하는 것을 알 수 있다. 수학이라는 언어를 빌려 설명하면 훨씬 쉬운데, 내가 이 책을 쓰면서 수식을 쓰지 않기로 결심했기 때문에 이러지도 저러지도 못하고 있었다. 하지만 궁금해하는 수많은 다른 독자를 위해, 그렇지 않은 독자들이 잠시 눈감아 주길 바란다.

프리드만은 아인슈타인의 일반 상대성 이론으로부터 우주 팽창

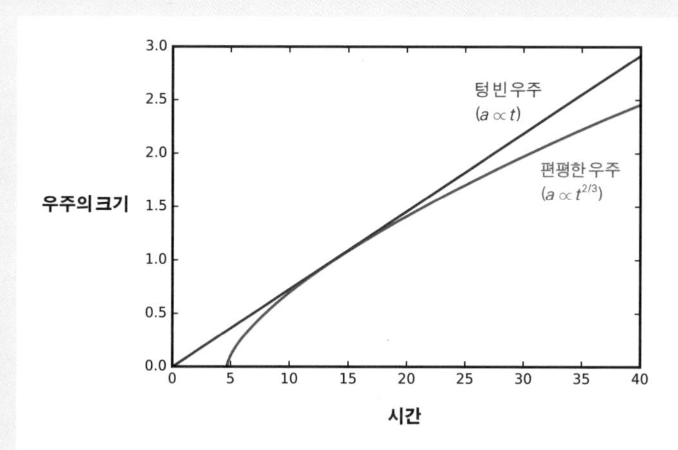

편평한 우주의 팽창은 그 정도가 시간이 지남에 따라 점차 감소하지만, 결코 멈추지 않는다.

을 기술하는 방정식을 도출했다. 이른바 프리드만 방정식Friedmann equation이다.

$$\left(\frac{\dot{a}}{a}\right)^2 = \frac{8\pi G\rho_0}{3a^3} - \frac{k}{a^2} + \frac{\Lambda}{3}.$$

여기서 a는 스케일 팩터scale factor, 즉 천체 간 거리우주의 크기라고 볼 수도 있다., $\dot{a}$는 천체 간 거리의 변화율팽창 속도, G는 중력 상수, ρ_0는 현재 우주의 에너지 밀도, k는 우주의 기하 상수, Λ는 암흑 에너지 상수이다. 가장 간단한 우주의 경우, 즉 우주에 암흑 에너지가 없고 $\Lambda=0$ 편평한 $k=0$ 경우, 이 방정식은 더욱 간단해진다.

$$\left(\frac{\dot{a}}{a}\right)^2 = \frac{8\pi G\rho_0}{3a^3}.$$

이 미분 방정식은 다음과 같이 대학교 1학년 수학을 이용해 쉽게 풀 수 있다.

$$\left(\frac{\dot{a}}{a}\right)^2 = \frac{8\pi G\rho_0}{3a^3}$$

$$a\dot{a}^2 = \alpha^2.$$

이때, 상수 α는 다음과 같이 정의된다.

$$\alpha^2 \equiv \frac{8\pi G\rho_0}{3}.$$

그러면 위의 식은 다음과 같이 풀 수 있다.

$$\int_0^a a^{1/2}da = \alpha\int_0^t dt$$

$$\frac{2}{3}a^{3/2} = \alpha t$$

$$a = \left(\frac{3\alpha}{2}\right)^{2/3} t^{2/3}.$$

즉 편평한 우주의 경우, 천체 간 거리우주 공간의 한 축의 길이는 시간의 $\frac{2}{3}$ 제곱에 비례하여 계속 증가한다. 텅 빈 우주의 경우, a가 t에 비례$a \propto t$해서 커져 가는 것에 비해서는 느리지만, 결코 팽창이 멈추거나 어떤 값으로 점근하는 것은 아니다.

사진 및 그림 저작권

15쪽 ⓒ(주)사이언스북스 16쪽 NASA, ESA, L. Bradley (JHU), R. Bouwens (UCSC), H. Ford (JHU), and G. Illingworth (UCSC)20쪽 1 Jeff Schmaltz, MODIS Rapid Response Team, NASA/ GSFC 2 NASA Goddard Space Flight Center Image by Reto Stöckli 3 NASA/ JPL 4 NASA, ESA, K. Kuntz (JHU), F. Bresolin (University of Hawaii), J. Trauger (Jet Propulsion Lab), J. Mould (NOAO), Y.-H. Chu (University of Illinois, Urbana), and STScI 5 NASA, ESA, L. Bradley (JHU), R. Bouwens (UCSC), H. Ford (JHU), and G. Illingworth (UCSC) 6 NASA/ WMAP Science Team 7 ⓒ (주)사이언스북스 23쪽 ⓒ (주)사이언스북스 24쪽 NASA, ESA, STScI, J. Hester and P. Scowen (Arizona State University) 28쪽 The solar X-ray images are from the Yohkoh mission of ISAS, Japan. The X-ray telescope was prepared by the Lockheed-Martin Solar and Astrophysics Laboratory, the National Astronomical Observatory of Japan, and the University of Tokyo with the support of NASA and ISAS. 32쪽 NASA, ESA, STScI, J. Hester and P. Scowen (Arizona State University) 33쪽 위 NASA, ESA, HEIC, and The Hubble Heritage Team (STScI/AURA) 아래 NASA, ESA, Hans Van Winckel (Catholic University of Leuven, Belgium), and Martin Cohen (University of California, Berkeley) 34쪽 위 NASA, ESA and H.E. Bond (STScI) 아래 NASA, ESA, K. Kuntz (JHU), F. Bresolin (University of Hawaii), J. Trauger (Jet Propulsion Lab), J. Mould (NOAO), Y.-H. Chu (University of Illinois, Urbana), and STScI 35쪽 위 NASA/ JPL-Caltech and The Hubble Heritage Team (STScI/ AURA) 아래 NASA, ESA, L. Bradley (JHU),

R. Bouwens (UCSC), H. Ford (JHU), and G. Illingworth (UCSC) 43쪽 ⓒ(주)사이언스북스 44쪽 NASA, ESA and H.E. Bond (STScI) 52쪽 위 ⓒ(주)사이언스북스 아래 ⓒ김태선 55쪽 1 Ferdinand Schmutzer 59쪽 ⓒ이석영 61쪽 ⓒ(주)사이언스북스 62쪽 NASA, H. Ford (JHU), G. Illingworth (UCSC/ LO), M.Clampin (STScI), G. Hartig (STScI), the ACS Science Team, and ESA 67쪽 위 ⓒ김태선 아래 ⓒ(주)사이언스북스 68쪽 위 COBE Science team/ NASA 아래 WMAP Science team/ NASA 77쪽 ⓒ(주)사이언스북스 78쪽 ⓒRobert Gendler 84쪽 위 ⓒ김태선 90쪽 ⓒ김태선 93쪽 ⓒ이석영 95쪽 ⓒ(주)사이언스북스 96쪽 NASA, ESA, HEIC, and The Hubble Heritage Team (STScI/AURA) 102쪽 ⓒ김태선 109쪽 ⓒ(주)사이언스북스 110쪽 ESA, NASA, and Felix Mirabel (French Atomic Energy Commission and Institute for Astronomy and Space Physics/ Conicet of Argentina) 113쪽 ⓒ오규석 117쪽 ⓒ최호승(연세 대학교) 119쪽 NASA 127쪽 ⓒ(주)사이언스북스 128쪽 NASA, ESA, and The Hubble Heritage Team (STScI/ AURA) 133쪽 ⓒ김태선 145쪽 Jean Mouette/ IAP-CNRS-UPMC 147쪽 ⓒ(주)사이언스북스 148쪽 NASA, ESA, and the Hubble Heritage Team (STScI/ AURA) 155쪽 ⓒ김태선 160쪽 위 NASA, ESA, K. Kuntz (JHU), F. Bresolin (University of Hawaii), J. Trauger (Jet Propulsion Lab), J. Mould (NOAO), Y.-H. Chu (University of Illinois, Urbana), and STScI 아래 ⓒ(주)사이언스북스 163쪽 위 ⓒ(주)사이언스북스 아래 1 J. Rhoads (STScI) et al., WIYN, AURA, NOAO, NSF 2 NASA, ESA, A. Bolton (Harvard-Smithsonian CfA) and the SLACS Team 3 NASA, Andrew Fruchter and the ERO Team [Sylvia Baggett (STScI), Richard Hook (ST-ECF), Zoltan Levay (STScI)] (STScI) 171쪽 ⓒ이석영 173쪽 ⓒ(주)사이언스북스 174쪽 NASA/ JPL-Caltech and The Hubble Heritage Team (STScI/ AURA) 178쪽 위 ⓒ(주)사이언스북스 아래 ⓒ김태선 182쪽 아래 NASA/ WMAP Science Team 187쪽 ⓒ김홍도(연세 대학교 홍보부) 188쪽 NASA, ESA, J. Hester and A. Loll (Arizona State University), 황일선((주)사이언스북스) 191쪽 위 NASA, ESA, J. Hester and A. Loll (Arizona State University) 194쪽 ⓒ김태선 197쪽 ⓒ최호승(연세 대학교) 201쪽 ⓒ김태선 207쪽 ⓒ이석영 208쪽 NASA, The NICMOS Group (STScI, ESA) 211쪽 ⓒ(주)사이언스북스 212~213쪽 ESA, and the Planck Collaboration 214쪽 ⓒ(주)사이언스북스 216쪽 ⓒ(주)사이언스북스 220쪽 ⓒ(주)사이언스북스 222쪽 ⓒ이석영 225쪽 ⓒ(주)사이언스북스 226쪽 NASA, ESA, Hans Van Winckel (Catholic University of Leuven, Belgium), and Martin Cohen (University of California, Berkeley) 235쪽 ⓒ(주)사이언스북스 236쪽 NASA, ESA, and The Hubble Heritage Team (STScI/ AURA) 242쪽 위 Andrey Kravtsov and Anatoly Klypin 아래 Andrey Kravtsov and Anatoly Klypin 244쪽 위 ⓒ 윤주헌(연세 대학교)/ 이석영 아래 2dF Galaxy Redshift Survey Team 249쪽 ⓒ 김홍도(연세 대학교 홍보부) 250쪽 NASA, ESA, and The Hubble Heritage Team (STScI/ AURA) 255쪽 위 NASA, ESA, R. Bouwens and G. Illingworth (University of California, Santa Cruz) 아래 NASA/ JPL-Caltech 257쪽 ⓒRobert Gendler 260쪽 위 NASA, ESA, K. Kuntz (JHU), F. Bresolin (University of Hawaii), J. Trauger (Jet Propulsion Lab), J. Mould (NOAO), Y.-H. Chu (University of Illinois, Urbana), and STScI 가운데 NASA, ESA, and The Hubble Heritage Team (STScI/ AURA) 아래 NASA, The NICMOS Group (STScI, ESA) and The NICMOS Science Team (Univ. of Arizona) 261쪽 위 NASA, ESA, and the Hubble Heritage Team (STScI/ AURA) 가운데 NASA, ESA, and the Hubble Heritage (STScI/ AURA)-ESA/ Hubble Collaboration 아래 NASA, ESA, and The Hubble Heritage Team (STScI/ AURA) 265쪽 위 NASA, H. Ford (JHU), G. Illingworth (UCSC/ LO), M.Clampin (STScI), G. Hartig (STScI), the ACS Science Team, and ESA 아래 NASA, ESA, and The Hubble Heritage Team (AURA/ STScI) 266쪽 위 National Radio Astronomy Observatory, California Institute of Technology, Walter Jaffe/ Leiden Observatory, Holland Ford/ JHU/ STScI, and NASA 아래 NASA, HST, and Kitt Peak National Observatory 268쪽 아래 NASA, ESA, and The Hubble Heritage Team (STScI/ AURA) 273쪽 ⓒ(주)사이언스북스 274쪽 NASA, ESA, K. Kuntz (JHU), F. Bresolin (University of Hawaii), J. Trauger (Jet Propulsion Lab), J. Mould (NOAO), Y.-H. Chu (University of Illinois, Urbana), and STScI 282쪽 photo by Sol Goldberg, Provided by Cornell University 285쪽 위 ⓒ 오규석 아래 NASA/ CXC/ M.Weiss 288쪽 ESA, NASA, and Felix Mirabel (French Atomic Energy Commission and Institute for Astronomy and Space Physics/ Conicet of Argentina) 291쪽 ⓒ 이석영 293쪽 ⓒ(주)사이언스북스 294쪽 NASA, ESA, and The Hubble Heritage Team (AURA/ STScI) 297쪽 위 ESA 아래 NASA 299쪽 위 Giant Magellan Telescope-Carnegie Observatories 가운데 TMT Observatory Corporation 아래 ESO 300쪽 위 ESO 가운데 XILOSTUDIOS 아래 ESA-C. Carreau 307쪽 ⓒ(주)사이언스북스 308쪽 NASA, ESA, J. Hester and A. Loll (Arizona State University) 316쪽 ⓒ 최호승(연세 대학교)

ⓒ(주)사이언스북스 사진은 최지섭 씨가, ⓒ(주)사이언스북스 그림은 박현정 씨가 작업을 맡았습니다.

모든 사람을 위한

빅뱅 우주론 강의 증보판

1판 1쇄 펴냄 2009년 9월 30일
1판 17쇄 펴냄 2016년 5월 17일
증보판 1쇄 펴냄 2017년 3월 24일
증보판 8쇄 펴냄 2023년 7월 15일

지은이 이석영
펴낸이 박상준
펴낸곳 (주)사이언스북스

출판등록 1997. 3. 24.(제16-1444호)
(06027) 서울시 강남구 도산대로1길 62
대표전화 515-2000, 팩시밀리 515-2007
편집부 517-4263, 팩시밀리 514-2329
www.sciencebooks.co.kr

ISBN 978-89-8371-826-6 03440